带电作业
工器具手册
（输变电分册）

EPTC《带电作业工器具手册》编写组 编

中国水利水电出版社
www.waterpub.com.cn
·北京·

内 容 提 要

　　本书汇编了目前带电作业工器具产品，包括输变电分册和配电分册两个分册，对带电作业工器具产品的标准化命名、相关标准技术性能要求、执行标准、产品图片、规格型号、技术参数等信息汇编。输变电分册包括作业车辆、绝缘平台、绝缘工具、金属工具、防护工具、检测工具共六部分；配电分册包括作业车辆、绝缘平台、绝缘工具、金属工具、防护工具、检测工具、遮蔽工具、旁路作业设备及防护设施、带电库房设备和其他共十部分。

　　本书可供从事带电作业工器具产品设计、生产、管理、营销、采购人员使用，也可供从事带电作业工作的相关人员参考使用。

图书在版编目（C I P）数据

　带电作业工器具手册. 输变电分册、配电分册 /
EPTC《带电作业工器具手册》编写组编. -- 北京 : 中国
水利水电出版社，2019.12
　　ISBN 978-7-5170-7863-0

　Ⅰ. ①带… Ⅱ. ①E… Ⅲ. ①输配电－带电作业工具
－手册 Ⅳ. ①TS914.53-62

　中国版本图书馆CIP数据核字(2019)第150144号

书　　名	**带电作业工器具手册（输变电分册、配电分册）** DAIDIAN ZUOYE GONGQIJU SHOUCE （SHUBIANDIAN FENCE、PEIDIAN FENCE）
作　　者	EPTC《带电作业工器具手册》编写组　编
出版发行	中国水利水电出版社 （北京市海淀区玉渊潭南路1号D座　100038） 网址：www. waterpub. com. cn E-mail：sales@waterpub. com. cn 电话：（010）68367658（营销中心）
经　　售	北京科水图书销售中心（零售） 电话：（010）88383994、63202643、68545874 全国各地新华书店和相关出版物销售网点
排　　版	中国水利水电出版社微机排版中心
印　　刷	天津嘉恒印务有限公司
规　　格	184mm×260mm　16开本　24.25印张（总）　590千字（总）
版　　次	2019年12月第1版　2019年12月第1次印刷
印　　数	0001—2500册
总 定 价	**198.00元（共2册）**

凡购买我社图书，如有缺页、倒页、脱页的，本社营销中心负责调换

《带电作业工器具手册》

组织编写委员会

主审：薛 岩

委员：肖 坤　郝旭东　刘洪正　张锦秀　宁 昕　樊灵孟
　　　刘 凯　陆益民　崔江流　易 辉　蚁泽沛　张 勇

编写组

主任：肖 坤

委员：崔江流　易 辉　蚁泽沛　张文亮　薛 岩　宁 昕
　　　刘洪正　顾衍璋　张 勇

输变电分册

主编：郝旭东

编委：周华敏　牛 捷　姚 建　陆益民　曾林平　黄修乾
　　　邵镇康　刘智勇　王 辉　赵维谚　王 伟　周文涛
　　　张锦秀　李字明

配电分册

主编：高天宝

编委：孙振权　李占奎　左新斌　曾国忠　雷 宁　张智远
　　　郝 宁　黄湛华　隗 笑　李雪峰　狄美华　沈宏亮
　　　袁 栋　梁晟杰

性能优良的带电作业工器具是完成现场带电作业工作的必要条件。以往带电作业技术人员所看到的带电作业工器具等相关资料，大多来自供货商的产品目录。由于产品目录只介绍本企业所经营的产品，故技术人员很难从产品目录中全面了解带电作业工器具种类和各种类产品的技术性能。

2015年初，全国输配电技术协作网带电作业专家工作委员会工作会议决定，编辑出版《带电作业工器具手册》（以下简称《手册》），并组建了组织编写委员会；2018年，EPTC带电作业专家工作委员会决定根据行业要求进行修订。

《手册》的修订依据相关标准编制，分为输变电、配电两个分册，收集汇总国内外在用的各种带电作业工器具和带电作业车辆，力争品种齐全、分类合理、图文并茂、查阅方便。

2019年1—8月间，组织编写委员会组织各地电力（网）省公司、制造、供应企业相关专业技术人员，分组、分专业完成了《手册》编辑所需产品资料的网上申报、资料汇总、分类整理、初稿审核、汇总编辑等工作。

目　的

服务带电作业生产现场需求，为从事带电作业技术人员正确了解及使用带电作业工器具和带电作业车辆提供真实和较为系统的参考信息。

编　制

《手册》组织编写委员会和编写组由国家电网公司、中国南方电网公司、全国输配电技术协作网带电作业专家工作委员会、中国电机工程学会带电作业专业委员会、全国带电作业标准化技术委员会等组织成员组成。

产 品 分 类 原 则

《手册》分为输变电、配电两个分册，其中：输变电分册包括作业车辆、绝缘平台、绝缘工具、金属工具、防护工具、检测工具共六部分；配电分册包括作业车辆、绝缘平台、绝缘工具、金属工具、防护工具、检测工具、遮蔽工具、旁路作业设备及防护设施、带电库房设备和其他共十部分。

《手册》从以下五个方面对带电作业工器具进行介绍：

（1）用途及使用电压等级：介绍专用工器具在带电作业项目中的主要作用和可以选择的电压等级等。

（2）执行的标准：主要指工器具生产、运输、保管、使用中应执行的相关国家标准、行业标准，并在个别环节参考了相关国际标准。

（3）相关标准技术性能要求：主要是对上述标准中相关条款的具体引用。

（4）供应方提供的图片：鉴于某类工器具可能形式繁多，为避免雷同，每一种工器具图片仅选用了有代表性的 1～3 幅。

编 辑 收 录 原 则

（1）产品依据与带电作业工器具及带电作业车辆相关的国家标准（GB）、行业标准（DL）、IEC 等。

（2）产品技术性按照相关标准要求并综合对该类产品的技术性能要求进行描述，供需求方参考。

（3）产品企业排名均按英文拼音字母排序。

（4）产品信息与数据由各供应商（生产厂商、主要代理商）提供，其真实性由提供方负责。

（5）产品试验报告由各供应商（生产厂商、主要代理商）提供，其真实性由提供方负责。

（6）产品图片来自于各供应商（生产厂商、主要代理商）提供，其图片不完善部分由编辑组专家提供，产品图片只作为示例，不作为该类产品标准化样品图片。

本《手册》收录所有信息均来自各电力（网）公司推荐及供应商自愿申

报，肯定会有缺失，我们欢迎带电作业工器具产品供应方进一步提供相关资源。

随着工器具的创新和技术的不断发展，本《手册》将定期修编。由于编辑人员少，此项工作大多靠编写组人员业余时间整理完成，在语言文字方面也难免有不准确之处，敬请谅解。

本《手册》由本书编写组负责解释。

目　录

作业车辆

1 绝缘斗臂车

适用电压等级 110～750kV

用途

用于输电架空线路带电作业。

执行标准

GB 7258　机动车运行安全技术条件

GB 25849　移动式升降工作平台　设计计算、安全要求和测试方法

GB/T 9465　高空作业车

DL/T 854　带电作业用绝缘斗臂车的保养维护及在使用中的试验

DL/T 879　带电作业用便携式接地和接地短路装置

DL/T 966　送电线路带电作业技术导则

相关标准技术性能要求

1. 机械性能：满足额定荷载全工况试验即按工作斗的额定荷载加载，按全工况曲线图全部操作 3 遍。若上下臂和斗以及汽车底盘、外伸支腿均无异常，则试验通过。

2. 整体性能：①满足最大作业高度 17.2～47.7m；②满足最大作业幅度 11.2～18.8m；③满足工作斗额定载荷 200～363kg；④满足绝缘吊臂额定载荷 400～907kg。

3. 电气性能：

110～750kV 成品试验

额定电压/kV	试验长度/m	绝缘臂工频耐压试验				泄漏电流试验			15 次操作冲击耐压试验	
		出厂及型式试验		预防性试验		型式试验			出厂及型式试验	预防性试验
		试验电压/kV	耐压时间/min	试验电压/kV	耐压时间/min	试验电压/kV	加压时间/min	泄漏电流/μA	试验电压/kV	试验电压/kV
110	1.0	250	1	220	1	250	1	<400	—	—

续表

额定电压/kV	试验长度/m	绝缘臂工频耐压试验				泄漏电流试验			15 次操作冲击耐压试验	
		出厂及型式试验		预防性试验		型式试验			出厂及型式试验	预防性试验
		试验电压/kV	耐压时间/min	试验电压/kV	耐压时间/min	试验电压/kV	加压时间/min	泄漏电流/μA	试验电压/kV	试验电压/kV
220	1.8	450	1	440	1	450	1	＜400	—	—
500	3.7	640	3	580	3	640	3	＜500	1175	1050

110～500kV 定期电气试验

额定电压/kV	绝缘斗臂车绝缘部件的定期电气试验				
	测试部位	试验电压有效值/kV	允许最大泄漏电流/μA	耐压时间/min	要　求
110～500	绝缘外斗	35	500	1	无闪络或击穿现象
	绝缘内斗	35	—	1	无闪络或击穿现象
	绝缘吊臂	—	1000	1	无火花放电、闪络或击穿现象，无发热现象（温差10℃）

参考图片及参数

企业名称	型号规格	最大作业高度/m	最大作业幅度/m	工作斗额定载荷/kg	工作电压等级/kV	臂架结构形式	底盘行走形式	型式试验报告
青岛中汽特种汽车有限公司	QDT5198JGKSS	25	14.9	双人单斗317	220	混合臂	轮式	有
	QDT5220JGKS	30	14.2	双人单斗363	500	混合臂	轮式	有
杭州爱知工程车辆有限公司	HYL5151JGKBGZH22QL 系列	22.7	12.8	280	110	混合式	轮式	有
	HYL5151JGKAGZH22DF 系列	22.7	12.8	250	110	混合式	轮式	有
常州新兰陵电力辅助设备有限公司	PB18.90.20	17.1	8.7	139	10	三节臂	履带行走	有
徐州徐工随车起重机有限公司	XZJ5170JGKZ5	25.2	14.2	360	10500	混合臂	汽车底盘	无
特雷克斯（中国）投资有限公司	TCX65/100	32	15.8	318	138	折叠式（非过中心）	履带式或轮式	美国原装车型无国内报告
	RMX75	24.3	17.9	362	500	折叠式（非过中心）	履带式或轮式	美国原装车型无国内报告
	TM85	26.5	14.3	362	500	折叠式（非过中心）	履带式或轮式	美国原装车型无国内报告
	TM100	30.5	15.5	362	500	折叠式（非过中心）	履带式或轮式	美国原装车型无国内报告
	TM125	38.1	15.8	362	500	折叠式（非过中心）	履带式或轮式	美国原装车型无国内报告
山东泰开汽车制造有限公司	TAG5180JGK06	25	14.47	363	69/110/220	混合臂	汽车轮式	有
	A77 - TE93	30	14.6	363	69/110/220	举升臂＋混合臂	汽车轮式	无
	AH75	22.5	14.3	363/953	500	混合臂	汽车轮式	无
	AH85	26.2	15.2	363/953	500	混合臂	汽车轮式	无
	AH100	30.7	16	363/953	500	混合臂	汽车轮式	无
	AH125	37.7	15.4	363/953	500/765	混合臂	汽车轮式	无

续表

企业名称	型号规格	最大作业高度/m	最大作业幅度/m	工作斗额定载荷/kg	工作电压等级/kV	臂架结构形式	底盘行走形式	型式试验报告
山东泰开汽车制造有限公司	AH150	45.9	18.8	363/500/726	500/765	混合臂	汽车轮式	无
西安鑫烁电力科技有限公司	XS-DBC1	17	11	272	46	混合式	轮式	无
	XS-DBC2	17	11	272	46	混合臂	轮式	无
	XS-DBC3	20	12	272	46	混合式	轮式	无
	XS-DBC4	25	13.9	272	46	混合式	轮式	无

2 带电作业工器具库房车

适用电压等级　通用

用途

用于输变电带电作用现场规范运输、存储带电作业工器具。

执行标准

GB 7258　机动车运行安全技术条件

GB/T 2900.55　电工术语 带电作业（IEC 60050－651：1999）

GB/T 14286　带电作业工具设备术语（IEC 60743：2001）

GB/T 18037　带电作业工具基本技术要求与设计导则

GB/T 25725　带电作业工具专用车

DL/T 974　带电作业用工具库房

相关标准技术性能要求

1. 工具库房车主要由车辆平台、工具仓、辅助系统等组成。车辆平台包括车辆底盘、厢体（车厢）结构等；工具舱包括车载除湿机、加热器、车载空调、车载发电机等；辅助系统包括供电系统、独立空调、安全保护、警示、防护、照明系统等。

2. 工具库房车应具有温湿度调节、车内照明、通风、烟雾报警、应急发电功能。

3. 工具库房车工具仓存储温度应控制在 10～28℃，湿度不大于 60%；运输工具时和在工作现场使用时应保证舱内外温差不大于 5℃。

4. 工具库房车的工具仓尺寸应满足下列要求：①基本型：长不小于 3.6m，宽不小于 1.82m，高不小于 1.6m；②扩展型：长不小于 4.5m，宽不小于 1.82m，高不小于 1.94m。

参考图片及参数

企业名称	型号规格	底盘驱动型式	车厢尺寸（长×宽×高）/(m×m×m)	主要功能（如温湿度控制、应急照明等）	型式试验报告
青岛中汽特种汽车有限公司	QDT5042XGCY51	四驱	5.99×2.00×3.14	1. 车厢内安装除湿机、烘烤加热设备和排风设备等，并设置专门除湿风道，除湿快速充分；辅以锂电池技术，可实现行车除湿功能； 2. 车厢内摆放工具，贮存规范，取放方便，除湿充分	有
陕西华安电力科技有限公司	NJ5058XGC3NJ；2045XGC3NJK；5048XGC33	两驱-四驱	3.4×1.8×1.8；4.3×1.8×1.8	1. 温湿度控制； 2. 监控系统； 3. 应急照明； 4. 工具存放； 5. 微型气象检测； 6. 车载发电	无
西安鑫烁电力科技有限公司	XS-GKC	两驱	4×1.96×1.8	1. 车厢为全开放结构，侧面均为卷帘门；可配有小型发电机，定制铝型材货架或不锈钢架； 2. 可按用户要求配备抢险施工作业设备，加装长排工程灯。选装野外照明灯、选装视频拍摄传输系统； 3. 选装环境检测系统，测量工作区域气候条件； 4. 带有自动切换电源，优先使用市电；选装车载专用工器具管理（掌上电脑）系统	无
	XS-GKC	两驱	5.1×2.17×2.33		

续表

企业名称	型号规格	底盘驱动型式	车厢尺寸（长×宽×高）/(m×m×m)	主要功能（如温湿度控制、应急照明等）	型式试验报告
陕西秦能电力科技股份有限公司	QNDZC-Ⅱ	四驱/两驱	7.493×2×2.875；8.96×2.48×3.8；1.165×2.5×3.94；6.503×2.095×2.96；12.07×2.55×3.85	1. 车载采用多重、智能化电源控制技术，根据使用环境，选择对外接电源、车载发电机、车载逆变电源等多种电源进行完善的保护、切换、充电等控制，保证工器具库房车上测试仪器设备及辅助电器所有实际使用的最大用电负荷要求； 2. 车辆工器具车仓具备温湿度自动控制系统；使工具仓满足特项、普通各种工具要求的灵活性； 3. 工器具车载专用仓储系统；通过手持、便携的 PDA 终端设备进行工具使用管理，将数据通过无线方式传输到后台，有效提高了工器具的管理效率； 4. 车辆顶部安装升降照明、监控系统，该系统作为户外、夜间、远距离传输施工补充系统，具备应急照明，视频远距离传输； 5. 车载气象监测系统	无

3　带电水冲洗车

适用电压等级　110～500kV

用途

用于 500kV 及以下电气设备外绝缘带电水冲洗作业。

执行标准

GB/T 1332　载货汽车定型试验规程

GB 1589　道路车辆外廓尺寸、轴荷及质量限值

GB/T 2819　移动电站通用技术条件

GB 7258　机动车运行安全技术条件

GB/T 4798.5　电工电子产品应用环境条件

GB/T 13395　电力设备带电水冲洗导则

GB/T 14545　带电作业用小水量冲洗工具（长水柱短水枪型）

GJB 79A　厢式车通用规范

DL/T 879　带电作业用便携式接地和接地短路装置
DL/T 974　带电作业用工具库房
DL/T 966　送电线路带电作业技术导则

相关标准技术性能要求

1. 承载设备：①配置要求：相关检测用仪器仪表、带电作业人员防护用具、绝缘工器具、冲洗装置等；②用电负荷要求：保证带电水冲洗器具、测试仪器设备及辅助电器达到实际使用的最大用电负荷；③水容量要求：置水装置容量满足作业要求。

2. 专业性能：①控制系统：控制电源取自车载电瓶或汽车发电机，控制各种操作，实时接收水位、水压、转速、电导率及微型气象站数据；②进水要求：水质须达到饮用水的水质要求，进水压力 0.1～0.35MPa；③出水要求：制水量 4～8t/h（随产品规格而定），出水电阻率不应低于 $10^5\Omega\cdot m$；④具备水处理设备、高压冲洗设备、应急灭弧设备和越限报警装置；⑤配置实时双向水质监测系统，监测电阻率不低于 $1\times10^5\Omega\cdot m$ 的消防栓用水或发电厂蒸馏水或去离子水。

3. 综合性能：整体应具备以下功能：①夜间作业现场照明功能；②车辆存放辅助支撑装置；③整车接地装置；④配置单枪或双枪。

参考图片及参数

企业名称	型号规格	最大作业高度/m	水罐最大容量/L	喷嘴直径/mm	喷嘴水柱流量/(L·min⁻¹)	喷嘴水柱压力/bar	工作电压/kV	底盘行走形式	型式试验报告
青岛中汽特种汽车有限公司	QDT5127GQXS045	—	4540	9	100	800	220	轮式	有

绝 缘 平 台

1 升降式绝缘平台

适用电压等级 110～220kV

用途

在输变电带电作业过程中，用于带电作业人员上下攀登，可代替绝缘斗臂车、绝缘梯开展带电作业。

执行标准

GB/T 13398　带电作业用空心绝缘管、泡沫填充绝缘管及实心绝缘棒

GB/T 17620　带电作业用绝缘硬梯

GB/T 18037　带电作业工具基本技术要求与设计导则

DL/T 877　带电作业工具、装置和设备使用的一般要求

DL/T 966　送电线路带电作业技术导则

DL/T 976　带电作业工具、装置和设备预防性试验规程

DL/T 1007　架空输电线路带电安装导则及作业工具设备

DL/T 1126　同塔多回线路带电作业技术导则

相关标准技术性能要求

1. 机械性能：

（1）型式试验：①动态负荷试验：1.5 倍额定荷载下操作 3 次，要求机构动作灵活，无卡住现象；②静态负荷试验：2.5 倍额定荷载持续 5min，无变形，无损伤。

（2）预防性试验：①动态负荷试验：1.0 倍额定荷载下操作 3 次，要求机构动作灵活，无卡住现象；②静态负荷试验：1.2 倍额定荷载持续 1min，无变形，无损伤。

2. 综合性能：①绝缘平台额定荷载不小于 Ⅰ 级的 850N、Ⅱ 级的 1050N 和 Ⅲ 级的 1350N；②升降高度应不小于作业安全距离，升降、制动操作可靠；③质量轻、便于携带、易于安装；④设有供作业人员系安全带的挂点，且具备可靠的后备防护措施。

3. 电气性能：

110～220kV 成品试验

额定电压 /kV	试验长度 /m	工频耐压试验			
		出厂及型式试验		预防性试验	
		试验电压/kV	耐压时间/min	试验电压/kV	耐压时间/min
110	1.0	250	1	220	1
220	1.8	450	1	440	1

参考图片及参数

企业名称	型号规格	主要材质	绝缘平台额定荷载/kN	有效绝缘长度 /m	型式试验报告
台州大通	JGB - 1	—	1	0.4	有
西安鑫烁电力科技有限公司	XS - PT - ZL	FRP 复合角型材	1	全绝缘	无
	XS - PT - DL	FRP 复合角型材	1.5	全绝缘	无
	XS - SPT	FRP 复合角型材	1.5	全绝缘	无
台州信诺	JGB - 1	—	1	0.4	无
昆明飞翔材料技术有限公司	FEPDT	绝缘复合材料	1.96（或 200kg）	≥3.2, ±500kV	有

2　带电作业移动绝缘平台（脚手架）

适用电压等级　10～220kV

用途

　　在输变配电带电作业过程中，用于带电作业人员方便快捷进入作业点，可代替绝缘斗臂车、绝缘梯开展带电作业。

执行标准

GB/T 18037　带电作业工具基本技术要求与设计导则

GB/T 17620　带电作业用绝缘硬梯

GB/T 13398　带电作业用空心绝缘管、泡沫填充绝缘管及实心绝缘棒

GB/T 18857　配电线路带电作业技术导则

DL/T 976　带电作业工具、装置和设备预防性试验规程

DL/T 1007　架空输电线路带电安装导则及作业工具设备

DL/T 1126　同塔多回线路带电作业技术导则

DL/T 966　送电线路带电作业技术导则

DL/T 858　架空配电线路带电安装及作业工具设备

DL/T 1209.4　变电站登高作业及防护器材技术要求　第4部分：复合材料快装脚手架

相关标准技术性能要求

电气性能：

10～220kV 成品试验

额定电压 /kV	试验长度 /m	工频耐压试验				泄漏电流试验		
		型式试验		预防性试验（出厂试验）		型式试验		
		试验电压 /kV	耐压时间 /min	试验电压 /kV	耐压时间 /min	试验电压 /kV	加压时间 /min	泄漏电流 /mA
10	0.4	100	1	45	1	8	15	<0.5
35	0.6	150	1	95	1	26	15	<0.5
66	0.7	175	1	175	1	46	15	<0.5
110	1.0	250	1	220	1	78	15	<0.5
220	1.8	450	1	440	1	153	15	<0.5

参考图片及参数

企业名称	型号规格	长×宽×高 /(m×m×m)	绝缘平台额定荷载/kN	有效绝缘长度 /m	型式试验报告
昆明飞翔材料技术有限公司	FQRSS－SN－EW	2.0×0.85×（4～11）	2.3	≥3.2（±500kV）	有
	FQRSS－SW－EW	2.0×1.5×（4～14.5）	2.3	≥3.2（±500kV）	有
	FQRSS－LN－EW	2.6×0.85×（4～11）	2.3	≥3.2（±500kV）	有
	FQRSS－LW－EW	2.6×1.5×（4～14.5）	2.3	≥3.2（±500kV）	有

3　履带自行式绝缘升降平台

适用电压等级　10～220kV

用途

在输变配电带电作业过程中，用于带电作业人员方便快捷进入作业点，可代替绝缘斗臂车、绝缘梯开展带电作业。

执行标准

GB/T 9465　高空作业车

GB 7258　机动车运行安全技术条件

GB 25849　移动式升降工作平台设计计算、安全要求和测试方法

GB/T 13035　带电作业用绝缘绳索

GB/T 18037　带电作业工具基本技术要求与设计导则

GB/T 18857　配电线路带电作业技术导则

DL/T 879　带电作业用便携式接地和接地短路装置

DL/T 854　带电作业用绝缘斗臂车的保养维护及在使用中的试验

DL/T 966　送电线路带电作业技术导则

DL/T 858　架空配电线路带电安装及作业工具设备

DL/T 1209.3　变电站登高作业及防护器材技术要求　第3部分：升降型检修平台

相关标准技术性能要求

10～220kV 成品试验

额定电压 /kV	试验长度 /m	工频耐压试验				泄漏电流试验		
		型式试验		预防性试验（出厂试验）		型式试验		
		试验电压 /kV	耐压时间 /min	试验电压 /kV	耐压时间 /min	试验电压 /kV	加压时间 /min	泄漏电流 /mA
10	0.4	100	1	45	1	8	15	<0.5
35	0.6	150	1	95	1	26	15	<0.5

续表

额定电压 /kV	试验长度 /m	工频耐压试验				泄漏电流试验		
		型式试验		预防性试验（出厂试验）		型式试验		
		试验电压 /kV	耐压时间 /min	试验电压 /kV	耐压时间 /min	试验电压 /kV	加压时间 /min	泄漏电流 /mA
66	0.7	175	1	175	1	46	15	<0.5
110	1.0	250	1	220	1	78	15	<0.5
220	1.8	450	1	440	1	153	15	<0.5

参考图片及参数

企业名称	型号规格	最大作业高度/m	最大作业幅度 /m	工作平台额定载荷/kg	工作电压等级 /kV	底盘行走形式	型式试验报告
昆明飞翔材料技术有限公司	FEJC-12	12	侧向 0.5、纵向 1	200	10～220	履带自行走	有
	FEJC-10	10	侧向 0.5、纵向 1	200	10～220	履带自行走	有
	FEJC-8	8	侧向 0.5、纵向 1	200	10～110	履带自行走	有
	FEJC-6	6	侧向 0.5、纵向 1	200	10～66	履带自行走	有

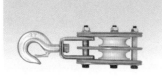

绝缘工具

1 单轮绝缘滑车

适用电压等级 110～1000kV

用途

输变电带电作业工作中用于起吊工器具及材料。

执行标准

GB/T 13034 带电作业用绝缘滑车

GB/T 18037 带电作业工具基本技术要求与设计导则

DL/T 877 带电作业工具、装置和设备使用的一般要求

DL/T 976 带电作业工具、装置和设备预防性试验规程

相关标准技术性能要求

1. 整体技术要求：①零件及组合件按图纸验收合格后才能装配；②装配后滑轮在中轴上应转动灵活，无卡阻和碰擦轮缘现象；③吊钩、吊环在吊梁上应转动灵活；④各开口销不得向外弯，并切除多余部分；⑤侧面螺栓高出螺母部分不大于2mm；⑥侧板开口在90°范围内无卡阻现象。

2. 机械性能：①各种型号的绝缘滑车应分别满足5kN、10kN、15 kN、20kN的系列额定负荷的要求（此处额定负额指吊钩的承载负荷）；②各种型号的绝缘滑车机械性能指标均应通过2.0倍的额定负荷，持续时间5min的机械拉力试验，试验以无永久变形或裂纹为合格；③各种型号的绝缘滑车的破坏拉力不得小于3.0倍的额定负荷。

3. 单轮绝缘滑车分开口、闭口两种。

4. 电气性能：

交流工频耐压试验

试 验 项 目	试验电压/kV	耐压时间/min	电气性能要求
单轮绝缘滑车	25	1	不发热、不击穿
单轮绝缘钩型滑车	37	1	不发热、不击穿

企业名称	型号规格	额定负荷 /kN	耐压试验 /(kV·min⁻¹)	开口方式	型式试验报告
台州大通	JH05－1B	5	30	开口与闭口	有
	JH10－1B	10	30	开口与闭口	有
	JH20－1B	20	30	开口与闭口	有
	JH30－1B	30	30	开口与闭口	有
	JH40－1B	40	30	开口与闭口	有
	JH50－1B	50	30	开口与闭口	有
江苏恒安电力工具有限公司	JH10－1K	10	30	开口	无
	JH20－1K	20	30	开口	无
	JH10－1B	10	30	闭口	无
	JH20－1B	20	30	闭口	无
兴化市佳辉电力器具有限公司	JH2.5－1B	2.5	30	闭口	无
	JH5－1 B	5	30	闭口	无
	JH10－1B	10	30	闭口	无
	JH20－1B	20	30	闭口	无
	JH2.5－1K	2.5	30	开口	无
	JH5－1K	5	30	开口	无
	JH10－1K	10	30	开口	无

2 双轮绝缘滑车

适用电压等级　110～1000kV

用途

输变电带电作业工作中用于起吊工器具及材料。

执行标准

GB/T 13034　带电作业用绝缘滑车

GB/T 18037　带电作业工具基本技术要求与设计导则

DL/T 877　带电作业工具、装置和设备使用的一般要求

DL/T 976　带电作业工具、装置和设备预防性试验规程

相关标准技术性能要求

1. 整体技术要求：①零件及组合件按图纸验收合格后才能装配；②装配后滑轮在中轴上应转动灵活，无卡阻和碰擦轮缘现象；③吊钩、吊环在吊梁上应转动灵活；④各开口销不得向外弯，并切除多余部分；⑤侧面螺栓高出螺母部分不大于 2mm；⑥侧板开口在 90°范围内无卡阻现象。

2. 机械性能：①各种型号的绝缘滑车应分别满足 5kN、10kN、15 kN、20kN 的系列额定负荷的要求（此处额定负额指吊钩的承载负荷）；②各种型号的绝缘滑车机械性能均能通过 2.0 倍的额定负荷、持续时间 5min 的机械拉力试验，试验以无永久变形或裂纹为合格；③各种型号的绝缘滑车的破坏拉力不得小于 3.0 倍的额定负荷。

3. 双轮绝缘滑车分双轮短钩型、双轮导线钩型、绝缘钩型。

4. 电气性能：

110～1000kV 成品试验

额定电压 /kV	名　称	交流工频耐压试验			
		出厂及型式试验		预防性试验	
		试验电压 /kV	耐压时间 /min	试验电压 /kV	耐压时间 /min
110～1000	单轮、双轮和多轮绝缘滑车	30	1	30	1
	绝缘钩型滑车	44	1	44	1

参考图片及参数

 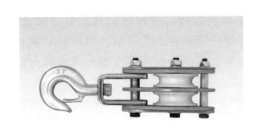 

企业名称	型号规格	额定负荷 /kN	耐压试验 /(kV·min⁻¹)	开口方式	型式试验报告
台州大通	JH05－2B	5	30	闭口	有
	JH10－2B	10	30	闭口	有
	JH20－2B	20	30	闭口	有
	JH30－2B	30	30	闭口	有
	JH40－2B	40	30	闭口	有
	JH50－2B	50	30	闭口	有
江苏恒安电力工具有限公司	JH10－2B	10	30	闭口	无
	JH20－2B	20	30	闭口	无
兴化市佳辉电力器具有限公司	JH10－2B	10	30	闭口	无
	JH20－2B	20	30	闭口	无
	JH30－2B	30	30	闭口	无

3　多轮绝缘滑车

适用电压等级　110～1000kV

用途

输变电带电作业工作中用于起吊工器具及材料。

执行标准

GB/T 13034　带电作业用绝缘滑车

GB/T 18037　带电作业工具基本技术要求与设计导则

DL/T 877　带电作业工具、装置和设备使用的一般要求

DL/T 976　带电作业工具、装置和设备预防性试验规程

相关标准技术性能要求

1. 整体技术要求：①零件及组合件按图纸合格后才能装配；②装配后滑轮在中轴上应转动灵活，无卡阻和碰擦轮缘现象；③吊钩、吊环在吊梁上应转动灵活；④各开口销不得向外弯，并切除多余部分；⑤侧面螺栓高出螺母部分不大于2mm；⑥侧板开口在90°范围内无卡阻现象。

2. 机械性能：①各种型号的绝缘滑车应分别满足5kN、10kN、15 kN、20kN的系列额定负负荷的要求（此处额定负额指吊钩的承载负荷）；②各种型号的绝缘滑车机械性能均能通过2.0倍的额定负荷、持续时间5min的机械拉力试验，试验以无永久变形或裂纹为合格；③各种型号的绝缘滑车的破坏拉力不得小于3.0倍的额定负荷。

3. 多轮绝缘滑车分三轮型、四轮型。

4. 电气性能：

交流工频耐压试验

试 验 项 目	试验电压/kV	耐压时间/min	电气性能要求
多轮绝缘滑车	30	1	不发热、不击穿
多轮绝缘钩型滑车	44	1	不发热、不击穿

参考图片及参数

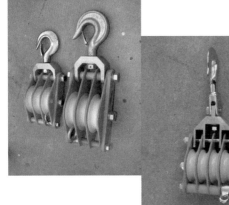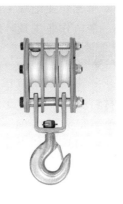

企业名称	型号规格	额定负荷 /kN	耐压试验 /(kV·min^{-1})	开口方式	型式试验报告	轮数 /个	型式试验报告
江苏恒安电力工具有限公司	JH20－3B	20	30	闭口	无	3	无
	JH30－3B	30	30	闭口	无	3	无
兴化市佳辉电力器具有限公司	JH30－3B	30	30	闭口	无	3	无
	JH40－3B	40	30	闭口	无	3	无
	JH30－4B	30	30	闭口	无	4	无
	JH40－4B	40	30	闭口	无	4	无
台州大通	JH05－3B/4B	5	30	闭口	有	3～4	无
	JH10－3B/4B	10	30	闭口	有	3～4	无
	JH20－3B/4B	20	30	闭口	有	3～4	无
	JH30－3B/4B	30	30	闭口	有	3～4	无
	JH40－3B/4B	40	30	闭口	有	3～4	无
	JH50－3B/4B	50	30	闭口	有	3～4	无

4 绝缘操作杆

适用电压等级 110～500kV、±500kV、±800kV

用途

用于输变电带电作业工作中进行分、合闸操作、验电、消缺、拆除异物等作业。

执行标准

GB 13398　带电作业用空心绝缘管、泡沫填充绝缘管和实心绝缘棒

GB/T 18037　带电作业工具基本技术要求与设计导则

DL/T 877　带电作业工具、装置和设备使用的一般要求

DL/T 878　带电作业绝缘工具试验导则

DL/T 976　带电作业工具、装置和设备预防性试验规程

相关标准技术性能要求

1. 材料要求：由一根或数根绝缘杆组成，使用时数根绝缘杆可接续使用。绝缘操作杆应用合成材料制成，其密度不应小于 $1.75g/cm^3$，吸水率不大于 0.15%，$50Hz$ 介质损耗角正切值不得大于 0.01。杆内填充的泡沫应黏合在绝缘管内壁，在进行试验时，除部件破坏引起的损坏外，泡沫或黏接剂都不应损坏，绝缘管、棒材均满足渗透试验的要求。

2. 机械性能：

（1）型式试验：①动态负荷试验：1.5 倍额定荷载下（标称外径在 28mm 以下，90N·m；标称外径在 28mm 以上，110N·m）操作 3 次，要求机构动作灵活，无卡阻现象；②抗弯静态负荷试验：2.5 倍额定荷载（标称外径在 28mm 以下，108N·m；标称外径在 28mm 以上，132N·m）持续 5min，无变形，无损伤；③抗扭静态负荷试验：1.5 倍额定荷载（标称外径在 28mm 以下，36N·m；标称外径在 28mm 以上，36N·m）持续 5min，无变形，无损伤。

（2）预防性试验：①动态负荷试验：1.0 倍额定荷载下（标称外径在 28mm 以下，90N·m；标称外径在 28mm 以上，110N·m）操作 3 次，要求机构动作灵活，无卡阻现象；②抗弯静态负荷试验：1.2 倍额定荷载（标称外径在 28mm 以下，108N·m；标称外径在 28mm 以上，132N·m）持续 1min，无变形，无损伤；③抗扭静态负荷试验：1.2 倍额定荷载（标称外径在 28mm 以下，36N·m；标称外径在 28mm 以上，36N·m）持续 1min，无变形，无损伤。

3. 电气性能：

10～220kV 成品试验

额定电压/kV	试验长度/m	工频耐压试验				泄漏电流试验		
		型式试验		预防性试验（出厂试验）		型式试验		
		试验电压/kV	耐压时间/min	试验电压/kV	耐压时间/min	试验电压/kV	加压时间/min	泄漏电流/mA
10	0.4	100	1	45	1	8	15	<0.5
35	0.6	150	1	95	1	26	15	<0.5
66	0.7	175	1	175	1	46	15	<0.5
110	1.0	250	1	220	1	78	15	<0.5
220	1.8	450	1	440	1	153	15	<0.5

330～750kV 成品试验

额定电压/kV	试验长度/m	工频耐压试验				操作冲击耐压试验				泄漏电流试验		
		型式试验		预防性试验（出厂试验）		型式试验		预防性试验		型式试验		
		试验电压/kV	耐压时间/min	试验电压/kV	耐压时间/min	试验电压/kV	冲击次数/次	试验电压/kV	冲击次数/次	试验电压/kV	加压时间/min	泄漏电流/mA
330	2.8	420	5	380	3	900	15	800	15	230	15	<0.5
500	3.7	640	5	580	3	1175	15	1050	15	350	15	<0.5
750	4.7	860	5	780	3	1400	15	1250	15	510	15	<0.5

材　料　试　验

	标称外径/mm	试品电极间距离/mm	工频耐压试验/kV	泄漏电流/μA	
				干试验	受潮后试验
实心棒	30 及以下	300	100	<10	<30
	30 以上			<15	<35
管材	30 及以下			<10	<30
	32～70			<15	<40

参考图片及参数

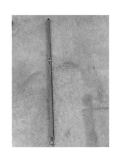

企业名称	型号规格	主 要 材 质	型式试验报告
西安鑫烁电力科技有限公司	XS－CZG－10	玻璃纤维纱、环氧树脂、玻璃纤维带环绕拉挤成型的管材	有
	XS－CZG－35	玻璃纤维纱、环氧树脂、玻璃纤维带环绕拉挤成型的管材	有
	XS－CZG－66	玻璃纤维纱、环氧树脂、玻璃纤维带环绕拉挤成型的管材	有
	XS－CZG－110	玻璃纤维纱、环氧树脂、玻璃纤维带环绕拉挤成型的管材	有
	XS－CZG－220	玻璃纤维纱、环氧树脂、玻璃纤维带环绕拉挤成型的管材	有
	XS－CZG－330	玻璃纤维纱、环氧树脂、玻璃纤维带环绕拉挤成型的管材	有
	XS－CZG－500	玻璃纤维纱、环氧树脂、玻璃纤维带环绕拉挤成型的管材	有
	XS－CZG－1000	玻璃纤维纱、环氧树脂、玻璃纤维带环绕拉挤成型的管材	有
	XS－CZG－YY10	玻璃纤维纱、环氧树脂、玻璃纤维带环绕拉挤成型的管材	有
	XS－CZG－YY35	玻璃纤维纱、环氧树脂、玻璃纤维带环绕拉挤成型的管材	有
	XS－CZG－YY66	玻璃纤维纱、环氧树脂、玻璃纤维带环绕拉挤成型的管材	有
	XS－CZG－YY110	玻璃纤维纱、环氧树脂、玻璃纤维带环绕拉挤成型的管材	有
	XS－CZG－YY220	玻璃纤维纱、环氧树脂、玻璃纤维带环绕拉挤成型的管材	有
	XS－CZG－YY330	玻璃纤维纱、环氧树脂、玻璃纤维带环绕拉挤成型的管材	有
	XS－CZG－YY500	玻璃纤维纱、环氧树脂、玻璃纤维带环绕拉挤成型的管材	有
	XS－CZG－YY1000	玻璃纤维纱、环氧树脂、玻璃纤维带环绕拉挤成型的管材	有
台州大通	JCH－1	环氧树脂无碱玻璃布	有
	JCS－1	环氧树脂无碱玻璃布	
	JCZ－1	环氧树脂无碱玻璃布	
	JCJ－1	环氧树脂无碱玻璃布	

企业名称	型号规格	主 要 材 质	型式试验报告
台州大通	JCS－2	环氧树脂无碱玻璃布	有
	JCZ－3	环氧树脂无碱玻璃布	
保定阳光电力设备 有限公司	YG－108106	环氧树脂	有
江苏恒安电力工具 有限公司	HA－CZG－4	防潮环氧树脂管	无
兴化市佳辉电力器具 有限公司	JCZG/10	环氧树脂引拔管	无
	JCZG/35	环氧树脂引拔管	无
	JCZG/110	环氧树脂引拔管	无
	JCZG/220	环氧树脂引拔管	无
	JCZG/330	环氧树脂引拔管	无
	JCZG/500	环氧树脂引拔管	无
	JCZG/800	环氧树脂引拔管	无
	JCZG/1000	环氧树脂引拔管	无

5　绝缘提线杆

适用电压等级　110～1000kV、±500kV、±800kV

用途

用于输变电带电作业工作中对导线的提升作业。

执行标准

GB 13398　带电作业用空心绝缘管、泡沫填充绝缘管和实心绝缘棒

GB/T 18037　带电作业工具基本技术要求与设计导则

DL/T 877　带电作业工具、装置和设备使用的一般要求

DL/T 878　带电作业绝缘工具试验导则

DL/T 976　带电作业工具、装置和设备预防性试验规程

DL/T 1240　1000kV 带电作业工具、装置和设备预防性试验规程

DL/T 1242　±800kV 直流线路带电作业技术规范

相关标准技术性能要求

1. 材料要求：应用合成材料制成，其密度不小于 1.75g/cm³，吸水率不大于 0.15%，50Hz 介质损耗角正切值不得大于 0.01。填充泡沫应黏合在绝缘管内壁，在进行试验时，除部件破坏引起的损坏外，泡沫或黏接剂都不应损坏，绝缘管、棒材均满足渗透试验的要求。

2. 机械性能：

（1）型式试验：①动态负荷试验：1.5 倍额定荷载下操作 3 次，要求机构动作灵活，无卡阻现象；②静态负荷试验：2.5 倍额定荷载持续 5min，无变形，无损伤。

（2）预防性试验：①动态负荷试验：1.0 倍额定荷载下操作 3 次，要求机构动作灵活，无卡阻现象；②静态负荷试验：1.2 倍额定荷载持续 1min，无变形，无损伤。

3. 电气性能：

110～220kV 成品试验

额定电压 /kV	试验长度 /m	工频耐压试验				泄漏电流试验		
		型式试验		预防性试验（出厂试验）		型式试验		
		试验电压 /kV	耐压时间 /min	试验电压 /kV	耐压时间 /min	试验电压 /kV	加压时间 /min	泄漏电流 /mA
110	1.0	250	1	220	1	78	15	＜0.5
220	1.8	450	1	440	1	153	15	＜0.5

330～1000kV 成品试验

额定电压 /kV	试验长度 /m	工频耐压试验				操作冲击耐压试验				泄漏电流试验		
		型式试验		预防性试验（出厂试验）		型式试验		预防性试验		型式试验		
		试验电压 /kV	耐压时间 /min	试验电压 /kV	耐压时间 /min	试验电压 /kV	冲击次数 /次	试验电压 /kV	冲击次数 /次	试验电压 /kV	加压时间 /min	泄漏电流 /mA
330	2.8	420	5	380	3	900	15	800	15	230	15	＜0.5
500	3.7	640	5	580	3	1175	15	1050	15	350	15	＜0.5
750	4.7	860	5	780	3	1400	15	1250	15	510	15	＜0.5
1000	6.3	—	—	1150	3	—	—	1695	15	—	—	—
±500	3.2	622	5	565	3	1060	15	970	15	—	—	—
±800	6.2	—	—	950	5	—	—	1600	15	—	—	—

材 料 试 验

标称外径 /mm		试品电极间距离 /mm	工频耐压试验 /kV	泄漏电流 /μA	
				干试验	受潮后试验
实心棒	30 及以下	300	100	＜10	＜30
	30 以上			＜15	＜35
管材	30 及以下			＜10	＜30
	30～70			＜15	＜40

参考图片及参数

企业名称	型号规格	主要材质	额定荷载 /kN	型式试验报告
江苏恒安电力工具有限公司	HA－TXG－110kV	填充式防潮绝缘材质	25	无
	HA－TXG－220kV	填充式防潮绝缘材质	60	无
	HA－TXG－330kV	填充式防潮绝缘材质	60	无
	HA－TXG－500kV	填充式防潮绝缘材质	80	无

6 托瓶架

适用电压等级 110～1000kV、±500kV、±800kV

用途

用于输变电带电作业工作中托起整串绝缘子。

执行标准

GB 13398 带电作业用空心绝缘管、泡沫填充绝缘管和实心绝缘棒

GB/T 18037 带电作业工具基本技术要求与设计导则

DL/T 877 带电作业工具、装置和设备使用的一般要求

DL/T 878 带电作业绝缘工具试验导则

DL/T 976 带电作业工具、装置和设备预防性试验规程

DL/T 1240 1000kV 带电作业工具、装置和设备预防性试验规程

DL/T 1242 ±800kV 直流线路带电作业技术规范

DL/T 699 带电作业用绝缘托瓶架通用技术条件（电压等级是否全面，决定底下各个参数）

相关标准技术性能要求

1. 材料要求：应用合成材料制成，其密度不小于 $1.75g/cm^3$，吸水率不大于 0.15%，50Hz 介质损耗角正切值不得大于 0.01。填充泡沫应黏合在绝缘管内壁，在进行试验时，

除部件破坏引起的损坏外，泡沫或黏接剂都不应损坏，绝缘管、棒材均满足渗透试验的要求。

2. 机械性能：

（1）型式试验：①动态负荷试验：1.5 倍额定荷载下操作 3 次，要求机构动作灵活，无卡阻现象；②静态负荷试验：2.5 倍额定荷载持续 5min，无变形，无损伤。

（2）预防性试验：①动态负荷试验：1.0 倍额定荷载下操作 3 次，要求机构动作灵活，无卡阻现象；②静态负荷试验：1.2 倍额定荷载持续 1min，无变形，无损伤。

3. 电气性能：

110～220kV 成品试验

额定电压 /kV	试验长度 /m	工频耐压试验				泄漏电流试验		
		型式试验		预防性试验（出厂试验）		型式试验		
		试验电压 /kV	耐压时间 /min	试验电压 /kV	耐压时间 /min	试验电压 /kV	加压时间 /min	泄漏电流 /mA
110	1.0	250	1	220	1	78	15	<0.5
220	1.8	450	1	440	1	153	15	<0.5

330～1000kV 成品试验

额定电压 /kV	试验长度 /m	工频耐压试验				操作冲击耐压试验				泄漏电流试验		
		型式试验		预防性试验（出厂试验）		型式试验		预防性试验		型式试验		
		试验电压 /kV	耐压时间 /min	试验电压 /kV	耐压时间 /min	试验电压 /kV	冲击次数 /次	试验电压 /kV	冲击次数 /次	试验电压 /kV	加压时间 /min	泄漏电流 /mA
330	2.8	420	5	380	3	900	15	800	15	230	15	<0.5
500	3.7	640	5	580	3	1175	15	1050	15	350	15	<0.5
750	4.7	860	5	780	3	1400	15	1250	15	510	15	<0.5
1000	6.3	—	—	1150	5	—	—	1695	15	—	—	—
±500	3.2	622	5	565	3	1060	15	970	15	—	—	—
±800	6.2	—	—	950	5	—	—	1600	15	—	—	—

材 料 试 验

	标称外径 /mm	试品电极间距离 /mm	工频耐压试验 /kV	泄漏电流 /μA	
				干试验	受潮后试验
实心棒	30 及以下	300	100	<10	<30
	30 以上			<15	<35
管材	30 及以下			<10	<30
	30～70			<15	<40

参考图片及参数

企业名称	型号规格	电压等级/kV	工作负荷/kV	组合方式	型式试验报告
江苏恒安电力工具有限公司	HA-TPJ-110kV	110	110	一段组成	无
	HA-TPJ-220kV	220	220	一段组成	无
	HA-TPJ-330kV	330	330	一段组成	无
	HA-TPJ-500kV	500	500	二段组成	无
兴化市佳辉电力器具有限公司	JTPJ-110	110	1.8	一段组成	无
	JTPJ-220	220	2.75	一段组成	无
	JTPJ-500	500	5	二段组成	无
台州大通	JPJ-1	110	1/0.6	单节	—
	JPJ-2	110	1/0.6	单节	—
	JPJ-3	220	2/0.6	单节	有
	JPJ-4	330	3/0.6	二节插式	—
	JPJ-5	330	3/0.6	二节插式	—
	JPJ-6	330	3/0.6	二节插式	—
	JPJ-7	550	4/0.75	二节插式	有
	JPJ-8	550	4/0.75	二节插式	

7 绝缘拉板（杆）

适用电压等级 110～1000kV

用途

用于输电带电作业工作中配合各样卡具进行绝缘子及金具更换和安装。

执行标准

GB 13398 带电作业用空心绝缘管、泡沫填充绝缘管和实心绝缘棒

GB/T 18037　带电作业工具基本技术要求与设计导则

DL/T 877　带电作业工具、装置和设备使用的一般要求

DL/T 878　带电作业绝缘工具试验导则

DL/T 976　带电作业工具、装置和设备预防性试验规程

DL/T 1240　1000kV 带电作业工具、装置和设备预防性试验规程

DL/T 1242　±800kV 直流线路带电作业技术规范

相关标准技术性能要求

1. 材料要求：应用合成材料制成，其密度不小于 $1.75g/cm^3$，吸水率不大于 0.15%，50Hz 介质损耗角正切值不得大于 0.01。填充泡沫应黏合在绝缘管内壁，在进行试验时，除部件破坏引起的损坏外，泡沫或黏接剂都不应损坏外，绝缘管、棒材能满足渗透试验的要求。

2. 机械性能：

（1）型式试验：①动态负荷试验：1.5 倍额定荷载下操作 3 次，要求机构动作灵活，无卡阻现象；②静态负荷试验：2.5 倍额定荷载持续 5min，无变形，无损伤。

（2）预防性试验：①动态负荷试验：1.0 倍额定荷载下操作 3 次，要求机构动作灵活，无卡阻现象；②静态负荷试验：1.2 倍额定荷载持续 1min，无变形，无损伤。

3. 电气性能：

110～220kV 成品试验

额定电压 /kV	试验长度 /m	工频耐压试验				泄漏电流试验		
		型式试验		预防性试验（出厂试验）		型式试验		
		试验电压 /kV	耐压时间 /min	试验电压 /kV	耐压时间 /min	试验电压 /kV	加压时间 /min	泄漏电流 /mA
110	1.0	250	1	220	1	78	15	<0.5
220	1.8	450	1	440	1	153	15	<0.5

330～1000kV 成品试验

额定电压 /kV	试验长度 /m	工频耐压试验				操作冲击耐压试验				泄漏电流试验		
		型式试验		预防性试验（出厂试验）		型式试验		预防性试验		型式试验		
		试验电压 /kV	耐压时间 /min	试验电压 /kV	耐压时间 /min	试验电压 /kV	冲击次数 /次	试验电压 /kV	冲击次数 /次	试验电压 /kV	加压时间 /min	泄漏电流 /mA
330	2.8	420	5	380	3	900	15	800	15	230	15	<0.5
500	3.7	640	5	580	3	1175	15	1050	15	350	15	<0.5
750	4.7	860	5	780	3	1400	15	1250	15	510	15	<0.5
1000	6.3	—	—	1150	3	—	—	1695	15	—	—	—
±500	3.2	622	5	565	3	1060	15	970	15	—	—	—
±800	6.2	—	—	950	5	—	—	1600	15	—	—	—

材　料　试　验

标称外径 /mm		试品电极间距离 /mm	工频耐压试验 /kV	泄漏电流/μA	
				干试验	受潮后试验
实心棒	30 及以下	300	100	<10	<30
	30 以上			<15	<35
管材	30 及以下			<10	<30
	30～70			<15	<40

参考图片及参数

企业名称	型号规格 /(mm×mm×mm)	额定工作负荷 /kV	有效绝缘长度 /m	型式试验报告
江苏恒安电力工具有限公司	50×10×1800	110	1.8	无
	50×12×2300	220	2.3	无
	50×12×2600	330	2.6	无
	70×16×6000	500	6	无

8 硬质绝缘平梯

适用电压等级　110～500kV

用途

用于输变电线路带电作业中进出等电位或作为带电检修平台。

执行标准

GB 13398　带电作业用空心绝缘管、泡沫填充绝缘管和实心绝缘棒

GB/T 17620　带电作业用绝缘硬梯

GB/T 18037　带电作业工具基本技术要求与设计导则

DL/T 877　带电作业工具、装置和设备使用的一般要求

DL/T 878　带电作业绝缘工具试验导则

DL/T 976　带电作业工具、装置和设备预防性试验规程

DL/T 966　送电线路带电作业技术导则

DL/T 1126　同塔多回线路带电作业技术导则

相关标准技术性能要求

1. 材料要求：应用合成材料制成，其密度不小于 1.75g/cm^3，吸水率不大于 0.15%，50Hz 介质损耗角正切值不得大于 0.01。填充泡沫应黏合在绝缘管内壁，在进行试验时，除部件破坏引起的损坏外，泡沫或黏接剂都不应损坏，绝缘管、棒材均满足渗透试验的要求。

2. 机械性能：

（1）型式试验：①动态负荷试验：1.5 倍额定荷载下操作 3 次，要求机构动作灵活，无卡阻现象；②静态负荷试验：2.5 倍额定荷载持续 5min，无变形，无损伤。

（2）预防性试验：①动态负荷试验：1.0 倍额定荷载下操作 3 次，要求机构动作灵活，无卡阻现象；②静态负荷试验：1.2 倍额定荷载持续 1min，无变形，无损伤。

3. 电气性能：

110～220kV 成品试验

额定电压 /kV	试验长度 /m	工频耐压试验				泄漏电流试验		
		型式试验		预防性试验（出厂试验）		型式试验		
		试验电压 /kV	耐压时间 /min	试验电压 /kV	耐压时间 /min	试验电压 /kV	加压时间 /min	泄漏电流 /mA
110	1.0	250	1	220	1	78	15	<0.5
220	1.8	450	1	440	1	153	15	<0.5

330～1000kV 成品试验

额定电压 /kV	试验长度 /m	工频耐压试验				操作冲击耐压试验				泄漏电流试验		
		型式试验		预防性试验（出厂试验）		型式试验		预防性试验		型式试验		
		试验电压 /kV	耐压时间 /min	试验电压 /kV	耐压时间 /min	试验电压 /kV	冲击次数 /次	试验电压 /kV	冲击次数 /次	试验电压 /kV	加压时间 /min	泄漏电流 /mA
330	2.8	420	5	380	3	900	15	800	15	230	15	<0.5
500	3.7	640	5	580	3	1175	15	1050	15	350	15	<0.5
750	4.7	860	5	780	3	1400	15	1250	15	510	15	<0.5
1000	6.3	—		1150	3	—		1695	15	—		
±500	3.2	622	5	565	3	1060	15	970	15	—		
±800	6.2	—		950	5	—		1600	15	—		

材　料　试　验

标称外径 /mm		试品电极间距离 /mm	工频耐压试验 /kV	泄漏电流/μA	
				干试验	受潮后试验
实心棒	30及以下	300	100	<10	<30
	30以上			<15	<35
管材	30及以下			<10	<30
	30～70			<15	<40

4. 其他要求：梯子横挡应具有防滑表面，且应与梯梁垂直，横挡应确保带电作业人员戴上手套时能牢靠抓握，同时确保作业人员穿鞋或靴进行登梯时，感觉舒适，所有的金属部分应有防腐性。

参考图片及参数

企业名称	型号规格	电压等级 /kV	有效绝缘 长度/m	额定工作 负荷/kN	梯间组合 方式	型式试验 报告
保定阳光电力设备 有限公司	—	10	2	4.9	—	有
西安鑫烁电力科技 有限公司	XS－JYT－10	10	≥1	1	一段组成	有
	XS－JYT－35	35	≥1	1	一段组成	有
	XS－JYT－110	110	3	1	一段组成	有
	XS－JYT－220	220	4.5	1	一段组成	有
	XS－JYT－500	500	6	1	一段组成	有
台州大通	TOP－1	110	3	1	单节	
	TOP－2	110～220	5	1	两节插式	有
	TOP－3	220～330	6	1	两节插式	
江苏恒安电力工具 有限公司	HA－PT－3	110	3	1	一段组成	无
	HA－PT－4.5	220	4.5	1	二段组成	无
	HA－PT－6	500	6	1	二段组成	无
兴化市佳辉电力器具 有限公司	JCPT－3	110	3	1	一段组成	无
	JCPT－4.5	220	4.5	1	2.5＋2、3.5＋1	无
	JCPT－6	500	6	1	4＋2、3＋3	无

9 硬质绝缘伸缩梯

适用电压等级 110～500kV

用途

用于输变电带电作业工作中进出等电位或作为带电检修平台。

执行标准

GB 13398 带电作业用空心绝缘管、泡沫填充绝缘管和实心绝缘棒

GB/T 17620 带电作业用绝缘硬梯

GB/T 18037 带电作业工具基本技术要求与设计导则

DL/T 877 带电作业工具、装置和设备使用的一般要求

DL/T 878 带电作业绝缘工具试验导则

DL/T 976 带电作业工具、装置和设备预防性试验规程

相关标准技术性能要求

1. 材料要求：应用合成材料制成，其密度不小于 $1.75g/cm^3$，吸水率不大于 0.15％，50Hz 介质损耗角正切值不得大于 0.01。填充泡沫应黏合在绝缘管内壁，在进行试验时，除部件破坏引起的损坏外，泡沫或黏接剂都不应损坏，绝缘管、棒材能满足渗透试验的要求。

2. 机械性能：

(1) 型式试验：①动态负荷试验：1.5 倍额定荷载下操作 3 次，要求机构动作灵活，无卡阻现象；②静态负荷试验：2.5 倍额定荷载持续 5min，无变形，无损伤。

(2) 预防性试验：①动态负荷试验：1.0 倍额定荷载下操作 3 次，要求机构动作灵活，无卡阻现象；②静态负荷试验：1.2 倍额定荷载持续 1min，无变形，无损伤。

3. 电气性能：

110～220kV 成品试验

额定电压 /kV	试验长度 /m	工频耐压试验				泄漏电流试验		
		型式试验		预防性试验 （出厂试验）		型式试验		
		试验电压 /kV	耐压时间 /min	试验电压 /kV	耐压时间 /min	试验电压 /kV	加压时间 /min	泄漏电流 /mA
110	1.0	250	1	220	1	78	15	＜0.5
220	1.8	450	1	440	1	153	15	＜0.5

330～1000kV 成品试验

额定电压/kV	试验长度/m	工频耐压试验				操作冲击耐压试验				泄漏电流试验		
		型式试验		预防性试验（出厂试验）		型式试验		预防性试验		型式试验		
		试验电压/kV	耐压时间/min	试验电压/kV	耐压时间/min	试验电压/kV	冲击次数/次	试验电压/kV	冲击次数/次	试验电压/kV	加压时间/min	泄漏电流/mA
330	2.8	420	5	380	3	900	15	800	15	230	15	<0.5
500	3.7	640	5	580	3	1175	15	1050	15	350	15	<0.5
750	4.7	860	5	780	3	1400	15	1250	15	510	15	<0.5
1000	6.3	—	—	1150	3	—	—	1695	15	—	—	—
±500	3.2	622	5	565	3	1060	15	970	15	—	—	—
±800	6.2	—	—	950	5	—	—	1600	15	—	—	—

材 料 试 验

	标称外径/mm	试品电极间距离/mm	工频耐压试验/kV	泄漏电流/μA	
				干试验	受潮后试验
实心棒	30 及以下			<10	<30
	30 以上	300	100	<15	<35
管材	30 及以下			<10	<30
	30～70			<15	<40

4. 其他要求：梯子横挡应具有防滑表面，且应与梯梁垂直，横挡应确保带电作业人员戴上手套时能牢靠抓握，同时确保作业人员穿鞋或靴进行登梯时，感觉舒适，所有的金属部分应有防腐性。

参考图片及参数

企 业 名 称	型号规格	电压等级 /kV	有效绝缘长度 /m	额定工作负荷 /kN	型式试验 报告
保定阳光电力设备有限公司	YG－06－108	110	4	5	有
西安鑫烁电力科技有限公司	XS－JYT－10	10	≥1	1	有
	XS－JYT－35	35	≥1	1	有
	XS－JYT－110	110	3	1	有
	XS－JYT－220	220	4.5	1	有
	XS－JYT－500	500	6	1	有
江苏恒安电力工具有限公司	HA－SST－1	110～500	6	1	无
台州大通	TDB－2	35～330	15.3	1	无
	TSZ	35～330	9.7	1	无

10　硬质绝缘挂梯

适用电压等级　110～1000kV

用途

用于输变电带电作业工作中进出等电位或作为带电检修平台。

执行标准

GB 13398　带电作业用空心绝缘管、泡沫填充绝缘管和实心绝缘棒

GB/T 17620　带电作业用绝缘硬梯

GB/T 18037　带电作业工具基本技术要求与设计导则

DL/T 877　带电作业工具、装置和设备使用的一般要求

DL/T 878　带电作业绝缘工具试验导则

DL/T 976　带电作业工具、装置和设备预防性试验规程

相关标准技术性能要求

1. 材料要求：应用合成材料制成，其密度不小于 1.75g/cm³，吸水率不大于 0.15％，50Hz 介质损耗角正切值不得大于 0.01。填充泡沫应黏合在绝缘管内壁，在进行试验时，除部件破坏引起的损坏，泡沫或黏接剂都不应损坏，绝缘管、棒材应满足渗透试验的要求。

2. 机械性能：

(1) 型式试验：①动态负荷试验：1.5 倍额定荷载下操作 3 次，要求机构动作灵活，无卡阻现象；②静态负荷试验：2.5 倍额定荷载持续 5min，无变形，无损伤。

(2) 预防性试验：①动态负荷试验：1.0 倍额定荷载下操作 3 次，要求机构动作灵活，无卡阻现象；②静态负荷试验：1.2 倍额定荷载持续 1min，无变形，无损伤。

3. 电气性能：

110～220kV 成品试验

额定电压 /kV	试验长度 /m	工频耐压试验				泄漏电流试验		
		型式试验		预防性试验（出厂试验）		型式试验		
		试验电压 /kV	耐压时间 /min	试验电压 /kV	耐压时间 /min	试验电压 /kV	加压时间 /min	泄漏电流 /mA
110	1.0	250	1	220	1	78	15	<0.5
220	1.8	450	1	440	1	153	15	<0.5

330～1000kV 成品试验

额定电压 /kV	试验长度 /m	工频耐压试验				操作冲击耐压试验				泄漏电流试验		
		型式试验		预防性试验 （出厂试验）		型式试验		预防性试验		型式试验		
		试验电压 /kV	耐压时间 /min	试验电压 /kV	耐压时间 /min	试验电压 /kV	冲击次数 /次	试验电压 /kV	冲击次数 /次	试验电压 /kV	加压时间 /min	泄漏电流 /mA
330	2.8	420	5	380	3	900	15	800	15	230	15	<0.5
500	3.7	640	5	580	3	1175	15	1050	15	350	15	<0.5
750	4.7	860	5	780	3	1400	15	1250	15	510	15	<0.5
1000	6.3	—	—	1150	3	—	—	1695	15	—	—	—
±500	3.2	622	5	565	3	1060	15	970	15	—	—	—
±800	6.2	—	—	950	5	—	—	1600	15	—	—	—

材　料　试　验

	标称外径 /mm	试品电极间距离 /mm	工频耐压试验 /kV	泄漏电流/μA	
				干试验	受潮后试验
实心棒	30 及以下			<10	<30
	30 以上	300	100	<15	<35
管材	30 及以下			<10	<30
	30～70			<15	<40

4. 其他要求：梯子横挡应具有防滑表面，且应与梯梁垂直，横挡应确保带电作业人员戴上手套时能牢靠抓握，同时确保作业人员穿鞋或靴进行登梯时，感觉舒适，所有的金属部分应有防腐性。

参考图片及参数

企 业 名 称	型号规格	有效绝缘长度 /m	额定工作负荷 /kN	连接形式	型式试验报告
西安鑫烁电力科技有限公司	XS-JYT-10	≥1	1	一段组成	有
	XS-JYT-35	≥1	1	一段组成	有
	XS-JYT-110	3	1	一段组成	有
	XS-JYT-220	4.5	1	3+2	有
	XS-JYT-500	6	1	3+3	有
江苏恒安电力工具有限公司	HA-GT-3	3	1	一段	无
	HA-GT-5	5	1	3+2	无
	HA-GT-6	6	1	3+3	无
兴化市佳辉电力器具有限公司	JGT-3	3	1	一段组成	无
	JGT-5	5	1	3+2	无
	JGT-6	6	1	3+3	无
	JGT-10	10	1	3+3+2+2	无
台州大通	TOP-4	6	1	二节插式	无

11 硬质绝缘蜈蚣梯

适用电压等级 110～500kV

用途

用于在输变电带电作业中进出等电位或作为带电检修平台。

GB 13398　带电作业用空心绝缘管、泡沫填充绝缘管和实心绝缘棒

GB/T 17620　带电作业用绝缘硬梯

GB/T 18037　带电作业工具基本技术要求与设计导则

DL/T 877　带电作业工具、装置和设备使用的一般要求

DL/T 878　带电作业绝缘工具试验导则

DL/T 976　带电作业工具、装置和设备预防性试验规程

相关标准技术性能要求

1. 材料要求：应用合成材料制成，其密度不小于 $1.75g/cm^3$，吸水率不大于 0.15%，50Hz 介质损耗角正切值不得大于 0.01。填充泡沫应黏合在绝缘管内壁，在进行试验时，除部件破坏引起的损坏，泡沫或黏接剂都不应损坏，绝缘管、棒材能满足渗透试验的要求。

2. 机械性能：

（1）型式试验：①动态负荷试验：1.5 倍额定荷载下操作 3 次，要求机构动作灵活，无卡阻现象；②静态负荷试验：2.5 倍额定荷载持续 5min，无变形，无损伤。

（2）预防性试验：①动态负荷试验：1.0 倍额定荷载下操作 3 次，要求机构动作灵活，无卡阻现象；②静态负荷试验：1.2 倍额定荷载持续 1min，无变形，无损伤。

3. 电气性能：

110～500kV 成品试验

额定电压 /kV	试验长度 /m	工频耐压试验				操作冲击耐压试验			
		型式试验		预防性试验 （出厂试验）		型式试验		预防性试验	
		试验电压 /kV	耐压时间 /min	试验电压 /kV	耐压时间 /min	试验电压 /kV	冲击次数 /次	试验电压 /kV	冲击次数 /次
110	1.0	250	1	220	1	—	—	—	—
220	1.8	450	1	440	1	—	—	—	—
330	2.8	420	5	380	3	900	15	800	15
500	3.7	640	5	580	3	1175	15	1050	15
±500	3.2	622	5	565	3	1060	15	970	15

注：1. 工频耐压试验以在规定的试验电压和试验时间下，无击穿、无闪络、无发热为合格。

　2. 操作击冲耐压试验以 $250\mu s/2500\mu s$ 标准冲击波，在规定的试验电压和试验次数下，无一次击穿、闪络为合格。

　3. 对于直流线路带电作业工具，应使用直流耐压试验。

4. 其他要求：梯子横挡应具有防滑表面，且应与梯梁垂直，横挡应确保带电作业人员戴上手套时能牢靠抓握，同时应确保作业人员穿鞋或靴进行登梯时，感觉舒适，所有的金属部分应有防腐性。

参考图片及参数

企业名称	型号规格	有效绝缘长度/m	额定工作负荷/kN	连接形式	型式试验报告
西安鑫烁电力科技有限公司	XS－JYT－10	≥1	1	一段组成	有
	XS－JYT－35	≥1	1	一段组成	有
	XS－JYT－110	3	1	2＋2	有
	XS－JYT－220	4.5	1	3＋3＋3	有
	XS－JYT－500	6	1	3＋3＋3＋3	有
江苏恒安电力工具有限公司	HA－WGT－6	6	1	3＋3	无
	HA－WGT－9	9	1	3＋3＋3	无
兴化市佳辉电力器具有限公司	JDPT－9	9	1	3＋3＋3	无
	JDPT－12	12	1	3＋3＋3＋3	无
台州大通	TDB－1	15	1	三节插式	无
	TDG	9	1	三节插式	无

12 硬质绝缘人字梯（变电专用）

适用电压等级　　110～220kV

用途

用于输变电带电作业中进出等电位或作为带电检修平台。

执行标准

GB 13398　带电作业用空心绝缘管、泡沫填充绝缘管和实心绝缘棒

GB/T 17620　带电作业用绝缘硬梯

GB/T 18037　带电作业工具基本技术要求与设计导则

DL/T 878　带电作业绝缘工具试验导则

DL/T 976　带电作业工具、装置和设备预防性试验规程

DL/T 877　带电作业工具、装置和设备使用的一般要求

相关标准技术性能要求

1. 材料要求：应用合成材料制成，其密度不小于 $1.75g/cm^3$，吸水率不大于 0.15%，50Hz 介质损耗角正切值不得大于 0.01。填充泡沫应黏合在绝缘管内壁，在进行试验时，除部件破坏引起的损坏，泡沫或黏接剂都不应损坏，绝缘管、棒材能满足渗透试验的要求。

2. 机械性能：

（1）型式试验：①动态负荷试验：1.5 倍额定荷载下操作 3 次，要求机构动作灵活，无卡阻现象；②静态负荷试验：2.5 倍额定荷载持续 5min，无变形，无损伤。

（2）预防性试验：①动态负荷试验：1.0 倍额定荷载下操作 3 次，要求机构动作灵活，无卡阻现象；②静态负荷试验：1.2 倍额定荷载持续 1min，无变形，无损伤。

3. 电气性能：

110～220kV 成品试验

额定电压 /kV	试验长度 /m	工频耐压试验				泄漏电流试验		
		型式试验		预防性试验（出厂试验）		型式试验		
		试验电压 /kV	耐压时间 /min	试验电压 /kV	耐压时间 /min	试验电压 /kV	加压时间 /min	泄漏电流 /mA
110	1.0	250	1	220	1	78	15	<0.5
220	1.8	450	1	440	1	153	15	<0.5

材　料　试　验

	标称外径 /mm	试品电极间距离 /mm	工频耐压试验 /kV	泄漏电流/μA	
				干试验	受潮后试验
实心棒	30 及以下			<10	<30
	30 以上	300	100	<15	<35
管材	30 及以下			<10	<30
	30～70			<15	<40

4. 其他要求：梯子横挡应具有防滑表面，且应与梯梁垂直，横挡应确保带电作业人员戴上手套时能牢靠抓握，同时应确保作业人员穿鞋或靴进行登梯时，感觉舒适，所有的金属部分应有防腐性。

参考图片及参数

企业名称	型号规格	有效绝缘长度/m	额定工作负荷/kN	组立形式	型式试验报告	备　注
保定阳光电力设备有限公司	YG-108106	2～8	1	—	有	—
西安鑫烁电力科技有限公司	XS-JYT-10	≥1	1	一段组成	有	—
	XS-JYT-35	≥1	1	一段组成	有	—
	XS-JYT-110	3	1	一段组成	有	—
	XS-JYT-220	4.5	1	3＋3	有	—
	XS-JYT-500	6	1	3＋3＋2	有	—
江苏恒安电力工具有限公司	HA-RZT-3	3	1	一段组成	有	—
兴化市佳辉电力器具有限公司	JRZT-3	3	1	一段组成	无	可装可拆卸式平台
	JRZT-6	6	1	3＋3	无	可装可拆卸式平台
	JRZT-8	8	1	3＋3＋2	无	可装可拆卸式平台
台州大通	TSZ	9.7	1	人字形	无	—
	TSJ	6.35	1	人字形	无	—

13　常规型蚕丝绝缘绳索

适用电压等级　110～1000kV

用途

用于输变电带电作业中起吊、传递工器具或材料。

执行标准

GB 13035　带电作业用绝缘绳索

GB/T 18037　带电作业工具基本技术要求与设计导则

DL/T 877　带电作业工具、装置和设备使用的一般要求
DL/T 878　带电作业绝缘工具试验导则
DL/T 976　带电作业工具、装置和设备预防性试验规程
DL/T 1240　1000kV 带电作业工具、装置和设备预防性试验规程

相关标准技术性能要求

1. 材料要求：采用脱胶不少于 25％、洁白、无杂质、长纤维的蚕丝为原材料。
2. 机械性能：绝缘绳直径、伸长率及断裂强度应满足下表要求。

规　　格	直径/mm	伸长率/%	断裂强度/kN
TJS-4	4±0.2	≤20	≥2.0
TJS-6	6±0.3	≤20	≥4.0
TJS-7	8±0.3	≤20	≥6.2
TJS-10	10±0.3	≤35	≥8.3
TJS-12	12±0.4	≤35	≥11.2
TJS-14	14±0.4	≤35	≥14.4
TJS-16	16±0.4	≤35	≥18.0
TJS-18	18±0.5	≤44	≥22.5
TJS-20	20±0.5	≤44	≥27.0
TJS-22	22±0.5	≤44	≥32.4
TJS-24	24±0.5	≤44	≥37.3

3. 工艺要求：①绝缘绳索应在通风良好、有防尘设备的室内生产，不得沾染油污及其他污染，不得受潮；②每股绝缘绳索及每股线均应紧密绞合，不得有松散、分股的现象；③绳索各股中丝线均不应有叠痕、凸起、压伤、背股、抽筋等缺陷；④接头应单根丝线连接，不允许有股接头，单丝接头应封闭在绳股内部，不得露在外面；⑤股绳和股线的捻距及纬线在其全长上应该均匀；⑥彩色绝缘绳索应色彩均匀一致。

4. 电气性能：

110～1000kV 成品试验

序号	试　验　项　目	试品有效长度/m	电气性能要求
1	施加工频电压 100kV 时高湿度下交流泄漏电流（相对湿度 90％，温度 20℃，时长 24h，试品长度 0.5m）	0.5	≤300μA
2	工频干闪电压	0.5	≥170kV

参考图片及参数

企业名称	型号规格	直径 /mm	断裂强度 /kN	单位重量 /(kg·m⁻¹)	型式试验 报告
兴化市佳辉电力器具 有限公司	TJS-8	8	≥6.9	0.042	有
	TJS-10	10	≥9.2	0.061	有
	TJS-12	12	≥12.4	0.09	有
	TJS-14	14	≥16	0.115	有
兴化市佳辉电力器具 有限公司	TJS-16	16	≥20	0.153	有
	TJS-18	18	≥25	0.19	有
	TJS-20	20	≥30	0.22	有
	TJS-22	22	≥36	0.266	有
	TJS-24	24	≥41.5	0.315	有
西安鑫烁电力科技 有限公司	XS-CJS-4	4±0.2	≥20	2	有
	XS-CJS-6	6±0.3	≥20	4	有
	XS-CJS-8	8±0.3	≥20	6.2	有
	XS-CJS-10	10±0.2	≥35	8.3	有
	XS-CJS-12	12±0.4	≥35	11.2	有
	XS-CJS-14	14±0.4	≥35	14.4	有
	XS-CJS-16	16±0.4	≥35	18	有
	XS-CJS-18	18±0.5	≥44	22.5	有
	XS-CJS-20	20±0.5	≥44	27	有
	XS-CJS-22	22±0.5	≥44	32.4	有
	XS-CJS-24	24±0.5	≥44	37.3	有
江苏恒安电力工具 有限公司	HA-CSS-6	6	≥4.5	0.019	无
	HA-CSS-8	8	≥6.9	0.042	无
	HA-CSS-10	10	≥9.2	0.061	无
	HA-CSS-12	12	≥12.4	0.09	无
	HA-CSS-14	14	≥16	0.115	无
	HA-CSS-16	16	≥20	0.155	无
	HA-CSS-18	18	≥25	0.19	无
	HA-CSS-20	20	≥30	0.22	无
	HA-CSS-22	22	≥36	0.266	无
	HA-CSS-24	24	≥41	0.315	无

14　常规型合成纤维绝缘绳索

适用电压等级　110～1000kV

用途

用于输变电带电作业工作中起吊、传递工器具或材料。

执行标准

GB 13035　带电作业用绝缘绳索

DL/T 878　带电作业绝缘工具试验导则

DL/T 976　带电作业工具、装置和设备预防性试验规程

DL/T 1240　1000kV 带电作业工具、装置和设备预防性试验规程

相关标准技术性能要求

1. 材料要求：采用聚己内酰胺（锦纶6）或其他满足电气、机械性能及防老化要求的合成纤维为原材料。

2. 机械性能：绝缘绳直径、伸长率及断裂强度应满足下表要求。

机 械 性 能 要 求

规　　格	直径/mm	伸长率/%	断裂强度/kN
HJS-4	4±0.2	≤40	≥3.1
HJS-6	6±0.3	≤40	≥5.4
HJS-7	8±0.3	≤40	≥8.0
HJS-10	10±0.3	≤48	≥11.0
HJS-12	12±0.4	≤48	≥15.0
HJS-14	14±0.4	≤48	≥20.0
HJS-16	16±0.4	≤48	≥26.0
HJS-18	18±0.5	≤58	≥32.0
HJS-20	20±0.5	≤58	≥38.0
HJS-22	22±0.5	≤58	≥44.0
HJS-24	24±0.5	≤58	≥50.0

3. 工艺要求：①绝缘绳索应在通风良好、有防尘设备的室内生产，不得沾染油污及其他污染，不得受潮；②每股绝缘绳索及每股线均应紧密绞合，不得有松散、分股的现象；③绳索各股中丝线均不应有叠痕、凸起、压伤、背股、抽筋等缺陷；④接头应单根丝线连接，不允许有股接头，单丝接头应封闭在绳股内部，不得露在外面；⑤股绳和股线的捻距及纬线在其全长上应该均匀；⑥彩色绝缘绳索应色彩均匀一致。

4. 电气性能：

110～1000kV 成品试验

序 号	试 验 项 目	试品有效长度/m	电气性能要求
1	施加工频电压100kV时高湿度下交流泄漏电流（相对湿度90%，温度20℃，时长24h，试品长度0.5m）	0.5	≤300μA
2	工频干闪电压	0.5	≥170kV

参考图片及参数

企 业 名 称	型号规格	直径/mm	断裂强度/kN	单位重量/(kg·m⁻¹)	型式试验报告
兴化市佳辉电力器具有限公司	GJS－8	8	≥12.8	0.044	有
	GJS－10	10	≥17.6	0.063	有
	GJS－12	12	≥24	0.093	有
	GJS－14	14	≥32.32	0.117	有
	GJS－16	16	≥41.6	0.155	有
	GJS－18	18	≥51.2	0.193	有
	GJS－20	20	≥60.8	0.222	有
	GJS－22	22	≥70.4	0.268	有
	GJS－24	24	≥80	0.318	有
西安鑫烁电力科技有限公司	XS－HJS－4	4±0.2	≥3.1	0.013	有
	XS－HJS－6	6±0.3	≥5.4	0.02	有
	XS－HJS－8	8±0.3	≥8	0.044	有
	XS－HJS－10	10±0.2	≥11	0.063	有
	XS－HJS－12	12±0.4	≥15	0.093	有
	XS－HJS－14	14±0.4	≥20	0.117	有

企 业 名 称	型号规格	直径 /mm	断裂强度 /kN	单位重量 /(kg·m⁻¹)	型式试验 报告
西安鑫烁电力科技 有限公司	XS－HJS－16	16±0.4	≥26	0.157	有
	XS－HJS－18	18±0.5	≥32	0.193	有
	XS－HJS－20	20±0.5	≥38	0.222	有
	XS－HJS－22	22±0.5	≥44	0.268	有
	XS－HJS－24	24±0.5	≥50	0.318	有
江苏恒安电力工具 有限公司	HA－XWS－6	6	≥5.4	0.02	无
	HA－XWS－8	8	≥8	0.044	无
	HA－XWS－10	10	≥11	0.063	无
	HA－XWS－12	12	≥15	0.093	无
	HA－XWS－14	14	≥20.2	0.117	无
	HA－XWS－16	16	≥26	0.157	无
	HA－XWS－18	18	≥32	0.193	无
	HA－XWS－20	20	≥38	0.223	无
	HA－XWS－22	22	≥44	0.268	无
	HA－XWS－24	24	≥50	0.318	无

15　高机械强度绝缘绳索

适用电压等级　110～1000kV

用途

用于输变电带电作业工作中起吊、传递工器具或材料。

执行标准

GB 13035　带电作业用绝缘绳索

GB/T 18037　带电作业工具基本技术要求与设计导则

DL/T 877　带电作业工具、装置和设备使用的一般要求

DL/T 878　带电作业绝缘工具试验导则

DL/T 976　带电作业工具、装置和设备预防性试验规程

DL/T 1240　1000kV带电作业工具、装置和设备预防性试验规程

相关标准技术性能要求

1. 材料要求：采用高机械强度合成纤维绝缘绳索。

2. 机械性能：绝缘绳直径、伸长率及断裂强度应满足下表要求。

规　格	直径/mm	伸长率/%	断裂强度/kN
GJS-4	4±0.2	≤20	≥6.2
GJS-6	6±0.3	≤20	≥10.8
GJS-7	8±0.3	≤20	≥16.0
GJS-10	10±0.3	≤20	≥22.0
GJS-12	12±0.4	≤20	≥30.0
GJS-14	14±0.4	≤20	≥40.0
GJS-16	16±0.4	≤20	≥52.0
GJS-18	18±0.5	≤20	≥64.0
GJS-20	20±0.5	≤20	≥75.0
GJS-22	22±0.5	≤20	≥88.0
GJS-24	24±0.5	≤20	≥100.0

　　3. 工艺要求：①绝缘绳索应在通风良好、有防尘设备的室内生产，不得沾染油污及其他污染，不得受潮；②每股绝缘绳索及每股线均应紧密绞合，不得有松散、分股的现象；③绳索各股中丝线均不应有叠痕、凸起、压伤、背股、抽筋等缺陷；④接头应单根丝线连接，不允许有股接头，单丝接头应封闭在绳股内部，不得露在外面；⑤股绳和股线的捻距及纬线在其全长上应该均匀；⑥彩色绝缘绳索应色彩均匀一致。

　　4. 电气性能：

电 气 性 能 要 求

序号	试 验 项 目	试品有效长度 /m	电气性能要求
1	施加工频电压100kV时高湿度下交流泄漏电流 （相对湿度90%，温度20℃，时长24h，试品长度0.5m）	0.5	≤300μA
2	工频干闪电压	0.5	≥170kV

参考图片及参数

企业名称	型号规格	直径/mm	断裂强度/kN	单位重量/(kg·m⁻¹)	型式试验报告
兴化市佳辉电力器具有限公司	TGJS-8	8	≥28.8	0.044	有
	TGJS-10	10	≥39.6	0.063	有
	TGJS-12	12	≥54	0.093	有
	TGJS-14	14	≥72.7	0.117	有
	TGJS-16	16	≥93.6	0.155	有
	TGJS-18	18	≥115.2	0.193	有
	TGJS-20	20	≥136.8	0.222	有
	TGJS-22	22	≥158.4	0.268	有
	TGJS-24	24	≥180	0.318	有
江苏恒安电力工具有限公司	HA-GQS-6	6	≥5.4	0.02	无
	HA-GQS-8	8	≥8	0.044	无
	HA-GQS-10	10	≥11	0.063	无
	HA-GQS-12	12	≥15	0.093	无
	HA-GQS-14	14	≥20.2	0.117	无
	HA-GQS-16	16	≥26	0.157	无
	HA-GQS-18	18	≥32	0.193	无

16　防潮型蚕丝绝缘绳索

适用电压等级　110～1000kV

用途

用于输变电带电作业工作中起吊、传递工器具或材料。

执行标准

GB 13035　带电作业用绝缘绳索

GB/T 18037　带电作业工具基本技术要求与设计导则

DL/T 877　带电作业工具、装置和设备使用的一般要求

DL/T 878　带电作业绝缘工具试验导则

DL/T 976　带电作业工具、装置和设备预防性试验规程

DL/T 1240　1000kV带电作业工具、装置和设备预防性试验规程

相关标准技术性能要求

1. 材料要求：采用脱胶不少于25%、洁白、无杂质、长纤维的蚕丝为原材料，并经过专门防潮处理，在高湿度条件下仍具备良好电气绝缘性能。

2. 机械性能：绝缘绳直径、伸长率及断裂强度应满足下表要求。

机 械 性 能 要 求

规　　格	直径/mm	伸长率/%	断裂强度/kN
TJS-4	4±0.2	≤20	≥2.0
TJS-6	6±0.3	≤20	≥4.0
TJS-7	8±0.3	≤20	≥6.2
TJS-10	10±0.3	≤35	≥8.3
TJS-12	12±0.4	≤35	≥11.2
TJS-14	14±0.4	≤35	≥14.4
TJS-16	16±0.4	≤35	≥18.0
TJS-18	18±0.5	≤44	≥22.5
TJS-20	20±0.5	≤44	≥27.0
TJS-22	22±0.5	≤44	≥32.4
TJS-24	24±0.5	≤44	≥37.3

3. 工艺要求：①绝缘绳索应在通风良好、有防尘设备的室内生产，不得沾染油污及其他污染，不得受潮；②每股绝缘绳索及每股线均应紧密绞合，不得有松散、分股的现象；③绳索各股中丝线均不应有叠痕、凸起、压伤、背股、抽筋等缺陷；④接头应单根丝线连接，不允许有股接头，单丝接头应封闭在绳股内部，不得露在外面；⑤股绳和股线的捻距及纬线在其全长上应该均匀；⑥彩色绝缘绳索应色彩均匀一致；⑦经防潮处理后的绝缘绳索表面应无油渍、污迹、脱皮等现象。

4. 电气性能：

电 气 性 能 要 求

序号	试 验 项 目	试品有效长度/m	电气性能要求
1	工频干闪电压	0.5	≥170kV
2	持续高湿度下工频泄漏电流（相对湿度90%，温度20℃，时长168h，施加工频电压100kV）	0.5	≤100μA
3	浸水后工频泄漏电流（水电阻率100Ω·m，浸泡15min，抖落表面附着水珠，施加工频电压100kV）	0.5	≤500μA
4	淋雨工频闪络电压（雨量1~1.5 mm/min，水电阻率100Ω·m）	0.5	≥60kV
5	50%断裂负荷拉伸后，高湿度下工频泄漏电流（相对湿度90%，温度20℃，时长168h，施加工频电压100kV）	0.5	≤100μA
6	经漂洗后，高湿度下工频泄漏电流（相对湿度90%，温度20℃，时长168h，施加工频电压100kV）	0.5	≤100μA
7	经磨损后，高湿度下工频泄漏电流（相对湿度90%，温度20℃，时长168h，施加工频电压100kV）	0.5	≤100μA

参考图片及参数

企业名称	型号规格	直径/mm	断裂强度/kN	单位重量/(kg·m⁻¹)	型式试验报告
兴化市佳辉电力器具有限公司	TJS-8-F	8	≥6.9	0.042	有
	TJS-10-F	10	≥9.2	0.061	有
	TJS-12-F	12	≥12.4	0.09	有
	TJS-14-F	14	≥16	0.115	有
	TJS-16-F	16	≥20	0.153	有
	TJS-18-F	18	≥25	0.19	有
	TJS-20-F	20	≥30	0.22	有
	TJS-22-F	22	≥36	0.266	有
	TJS-24-F	24	≥41.5	0.315	有
西安鑫烁电力科技有限公司	XS-FCJS-4	4	≥2.6	0.013	有
	XS-FCJS-6	6	≥4.5	0.02	有
	XS-FCJS-8	8	≥6.9	0.044	有
	XS-FCJS-10	10	≥9.2	0.063	有
	XS-FCJS-12	12	≥12.4	0.093	有
	XS-FCJS-14	14	≥16	0.117	有
	XS-FCJS-16	16	≥20	0.157	有
	XS-FCJS-18	18	≥25	0.193	有
	XS-FCJS-20	20	≥30	0.222	有
	XS-FCJS-22	22	≥36	0.268	有
	XS-FCJS-24	24	≥41.5	0.318	有
江苏恒安电力工具有限公司	HA-FCS-6	6	≥4.5	0.019	无
	HA-FCS-8	8	≥6.9	0.042	无
	HA-FCS-10	10	≥9.2	0.061	无
	HA-FCS-12	12	≥12.4	0.09	无
	HA-FCS-14	14	≥16	0.115	无
	HA-FCS-16	16	≥20	0.155	无
	HA-FCS-18	18	≥25	0.19	无

企业名称	型号规格	直径/mm	断裂强度/kN	单位重量/(kg·m⁻¹)	型式试验报告
江苏恒安电力工具有限公司	HA-FCS-20	20	≥30	0.22	无
	HA-FCS-22	22	≥36	0.266	无
	HA-FCS-24	24	≥41	0.315	无

17 防潮型合成纤维绝缘绳索

适用电压等级 110～1000kV

用途

用于输变电带电作业工作中起吊、传递工器具或材料。

执行标准

GB 13035 带电作业用绝缘绳索

GB/T 18037 带电作业工具基本技术要求与设计导则

DL/T 877 带电作业工具、装置和设备使用的一般要求

DL/T 878 带电作业绝缘工具试验导则

DL/T 976 带电作业工具、装置和设备预防性试验规程

DL/T 1240 1000kV带电作业工具、装置和设备预防性试验规程

相关标准技术性能要求

1. 材料要求：采用聚己内酰胺（锦纶6）或其他满足电气、机械性能及防老化要求的合成纤维为原材料，并经过专门防潮处理，在高湿度条件下仍具备良好电气绝缘性能。

2. 机械性能：绝缘绳直径、伸长率及断裂强度应满足下表要求。

机 械 性 能 要 求

规格	直径/mm	伸长率/%	断裂强度/kN
HJS-4	4±0.2	≤40	≥3.1
HJS-6	6±0.3	≤40	≥5.4
HJS-7	8±0.3	≤40	≥8.0
HJS-10	10±0.3	≤48	≥11.0
HJS-12	12±0.4	≤48	≥15.0
HJS-14	14±0.4	≤48	≥20.0
HJS-16	16±0.4	≤48	≥26.0
HJS-18	18±0.5	≤58	≥32.0
HJS-20	20±0.5	≤58	≥38.0
HJS-22	22±0.5	≤58	≥44.0
HJS-24	24±0.5	≤58	≥50.0

3. 工艺要求：①绝缘绳索应在通风良好、有防尘设备的室内生产，不得沾染油污及其他污染，不得受潮；②每股绝缘绳索及每股线均应紧密绞合，不得有松散、分股的现象；③绳索各股中丝线均不应有叠痕、凸起、压伤、背股、抽筋等缺陷；④接头应单根丝线连接，不允许有股接头，单丝接头应封闭在绳股内部，不得露在外面；⑤股绳和股线的捻距及纬线在其全长上应该均匀；⑥彩色绝缘绳索应色彩均匀一致；⑦经防潮处理后的绝缘绳索表面应无油渍、污迹、脱皮等现象。

4. 电气性能：

电 气 性 能 要 求

序号	试 验 项 目	试品有效长度/m	电气性能要求
1	工频干闪电压	0.5	≥170kV
2	持续高湿度下工频泄漏电流（相对湿度90%，温度20℃，时长168h，施加工频电压100kV）	0.5	≤100μA
3	浸水后工频泄漏电流（水电阻率100Ω·m，浸泡15min，抖落表面附着水珠，施加工频电压100kV）	0.5	≤500μA
4	淋雨工频闪络电压（雨量1～1.5 mm/min，水电阻率100Ω·m）	0.5	≥60kV
5	50%断裂负荷拉伸后，高湿度下工频泄漏电流（相对湿度90%，温度20℃，时长168h，施加工频电压100kV）	0.5	≤100μA
6	经漂洗后，高湿度下工频泄漏电流（相对湿度90%，温度20℃，时长168h，施加工频电压100kV）	0.5	≤100μA
7	经磨损后，高湿度下工频泄漏电流（相对湿度90%，温度20℃，时长168h，施加工频电压100kV）	0.5	≤100μA

参考图片及参数

企业名称	型号规格	直径 /mm	断裂强度 /kN	单位重量 /(kg·m⁻¹)	型式试验 报告
兴化市佳辉电力器具 有限公司	TJS-8-F	8	≥6.9	0.042	有
	TJS-10-F	10	≥9.2	0.061	有
	TJS-12-F	12	≥12.4	0.09	有
	TJS-14-F	14	≥16	0.115	有
	TJS-16-F	16	≥20	0.153	有
	TJS-18-F	18	≥25	0.19	有
	TJS-20-F	20	≥30	0.22	有
	TJS-22-F	22	≥36	0.266	有
	TJS-24-F	24	≥41.5	0.315	有
江苏恒安电力工具 有限公司	HA-FCXWS-6	6	≥5.4	0.02	无
	HA-FCXWS-8	8	≥8	0.044	无
	HA-FCXWS-10	10	≥11	0.063	无
	HA-FCXWS-12	12	≥15	0.093	无
	HA-FCXWS-14	14	≥20.2	0.117	无
	HA-FCXWS-16	16	≥26	0.157	无
	HA-FCXWS-18	18	≥32	0.193	无
	HA-FCXWS-20	20	≥38	0.223	无
	HA-FCXWS-22	22	≥44	0.268	无
	HA-FCXWS-24	24	≥50	0.318	无

18　防潮型高机械强度绝缘绳索

适用电压等级　110～1000kV

用途

用于输变电带电作业工作中起吊、传递工器具或材料。

执行标准

GB 13035　带电作业用绝缘绳索

GB/T 18037　带电作业工具基本技术要求与设计导则

DL/T 877　带电作业工具、装置和设备使用的一般要求

DL/T 878　带电作业绝缘工具试验导则

DL/T 976　带电作业工具、装置和设备预防性试验规程

DL/T 1240　1000kV 带电作业工具、装置和设备预防性试验规程

相关标准技术性能要求

1. **材料要求**：采用高强度合成纤维材料制成，并经过专门防潮处理，在高湿度条件下仍具备良好电气绝缘性能。

2. **机械性能**：绝缘绳直径、伸长率及断裂强度应满足下表要求。

机 械 性 能 要 求

规　　格	直径/mm	伸长率/%	断裂强度/kN
GJS-4	4±0.2	≤20	≥6.2
GJS-6	6±0.3	≤20	≥10.8
GJS-7	8±0.3	≤20	≥16.0
GJS-10	10±0.3	≤20	≥22.0
GJS-12	12±0.4	≤20	≥30.0
GJS-14	14±0.4	≤20	≥40.0
GJS-16	16±0.4	≤20	≥52.0
GJS-18	18±0.5	≤20	≥64.0
GJS-20	20±0.5	≤20	≥75.0
GJS-22	22±0.5	≤20	≥88.0
GJS-24	24±0.5	≤20	≥100.0

3. **工艺要求**：①绝缘绳索应在通风良好、有防尘设备的室内生产，不得沾染油污及其他污染，不得受潮；②每股绝缘绳索及每股线均应紧密绞合，不得有松散、分股的现象；③绳索各股中丝线均不应有叠痕、凸起、压伤、背股、抽筋等缺陷；④接头应单根丝线连接，不允许有股接头，单丝接头应封闭在绳股内部，不得露在外面；⑤股绳和股线的捻距及纬线在其全长上应该均匀；⑥彩色绝缘绳索应色彩均匀一致；⑦经防潮处理后的绝缘绳索表面应无油渍、污迹、脱皮等现象。

4. **电气性能**：

电 气 性 能 要 求

序号	试 验 项 目	试品有效长度/m	电气性能要求
1	工频干闪电压	0.5	≥170kV
2	持续高湿度下工频泄漏电流（相对湿度90%，温度20℃，时长168h，施加工频电压100kV）	0.5	≤100μA
3	浸水后工频泄漏电流（水电阻率100Ω·m，浸泡15min，抖落表面附着水珠，施加工频电压100kV）	0.5	≤500μA
4	淋雨工频闪络电压（雨量1~1.5 mm/min，水电阻率100Ω·m）	0.5	≥60kV
5	50%断裂负荷拉伸后，高湿度下工频泄漏电流（相对湿度90%，温度20℃，时长168h，施加工频电压100kV）	0.5	≤100μA
6	经漂洗后，高湿度下工频泄漏电流（相对湿度90%，温度20℃，时长168h，施加工频电压100kV）	0.5	≤100μA
7	经磨损后，高湿度下工频泄漏电流（相对湿度90%，温度20℃，时长168h，施加工频电压100kV）	0.5	≤100μA

参考图片及参数

企业名称	型号规格	直径/mm	断裂强度/kN	型式试验报告
兴化市佳辉电力器具有限公司	TGJS-8-F	8	≥28.8	有
	TGJS-10-F	10	≥39.6	有
	TGJS-12-F	12	≥54	有
	TGJS-14-F	14	≥72.7	有
	TGJS-16-F	16	≥93.6	有
	TGJS-18-F	18	≥115.2	有
	TGJS-20-F	20	≥136.8	有
	TGJS-22-F	22	≥158.4	有
	TGJS-24-F	24	≥180	有
西安鑫烁电力科技有限公司	XS-GJS-4	4±0.2	≥6.2	有
	XS-GJS-6	6±0.3	≥10.8	有
	XS-GJS-8	8±0.3	≥16	有
	XS-GJS-10	10±0.2	≥22	有
	XS-GJSS-12	12±0.4	≥30	有
	XS-GJS-14	14±0.4	≥40	有
	XS-GJS-16	16±0.4	≥52	有
	XS-GJS-18	18±0.5	≥64	有
	XS-GJS-20	20±0.5	≥75	有
	XS-GJS-22	22±0.5	≥88	有
	XS-GJS-24	24±0.5	≥100	有
江苏恒安电力工具有限公司	HA-FCGQS-6	6	≥5.4	无
	HA-FCGQS-8	8	≥8	无
	HA-FCGQS-10	10	≥11	无
	HA-GQS-12	12	≥15	无
	HA-FCGQS-14	14	≥20.2	无
	HA-FCGQS-16	16	≥26	无
	HA-FCGQS-18	18	≥32	无

19 消弧绳

适用电压等级 110～1000kV

用途

用于输电带电作业工作中空载线路的带电开断或接引电容电流。

执行标准

GB 13035 带电作业用绝缘绳索

GB/T 18037 带电作业工具基本技术要求与设计导则

DL/T 877 带电作业工具、装置和设备使用的一般要求

DL/T 878 带电作业绝缘工具试验导则

DL/T 976 带电作业工具、装置和设备预防性试验规程

DL/T 1240 1000kV带电作业工具、装置和设备预防性试验规程

相关标准技术性能要求

1. 材料要求：一端采用0.15mm单铜丝编制而成，长度不宜超过90cm，一端采用绝缘蚕丝绳索编制而成。

2. 机械性能：绝缘绳直径、伸长率及断裂强度应满足下表要求。

机械性能要求

规　格	直径/mm	伸长率/%	断裂强度/kN
TJS－4	4±0.2	≤20	≥2.0
TJS－6	6±0.3	≤20	≥4.0
TJS－7	8±0.3	≤20	≥6.2
TJS－10	10±0.3	≤35	≥8.3
TJS－12	12±0.4	≤35	≥11.2
TJS－14	14±0.4	≤35	≥14.4
TJS－16	16±0.4	≤35	≥18.0
TJS－18	18±0.5	≤44	≥22.5
TJS－20	20±0.5	≤44	≥27.0
TJS－22	22±0.5	≤44	≥32.4
TJS－24	24±0.5	≤44	≥37.3

3. 工艺要求：①铜绞线截面积不得小于$25mm^2$，且应与导线相匹配；②每股绝缘绳索及每股线均应紧密绞合，不得有松散、分股的现象；③绳索各股中丝线均不应有叠痕、凸起、压伤、背股、抽筋等缺陷；④接头应单根丝线连接，不允许有股接头，单丝接头应封闭在绳股内部，不得露在外面；⑤股绳和股线的捻距及纬线在其全长上应该均匀；⑥彩色绝缘绳索应色彩均匀一致；⑦经防潮处理后的绝缘绳索表面应无油渍、污迹、脱皮等现象。

4. 电气性能：

10～220kV 成品试验

额定电压 /kV	试验长度 /m	工频耐压试验				泄漏电流试验		
		型式试验		预防性试验（出厂试验）		型式试验		
		试验电压 /kV	耐压时间 /min	试验电压 /kV	耐压时间 /min	试验电压 /kV	加压时间 /min	泄漏电流 /mA
10	0.4	100	1	45	1	8	15	＜0.5
35	0.6	150	1	95	1	26	15	＜0.5
66	0.7	175	1	175	1	46	15	＜0.5
110	1.0	250	1	220	1	78	15	＜0.5
220	1.8	450	1	440	1	153	15	＜0.5

330～750kV 成品试验

额定电压 /kV	试验长度 /m	工频耐压试验				操作冲击耐压试验				泄漏电流试验		
		型式试验		预防性试验（出厂试验）		型式试验		预防性试验		型式试验		
		试验电压 /kV	耐压时间 /min	试验电压 /kV	耐压时间 /min	试验电压 /kV	冲击次数 /次	试验电压 /kV	冲击次数 /次	试验电压 /kV	加压时间 /min	泄漏电流 /mA
330	2.8	420	5	380	3	900	15	800	15	230	15	＜0.5
500	3.7	640	5	580	3	1175	15	1050	15	350	15	＜0.5
750	4.7	860	5	780	3	1400	15	1250	15	510	15	＜0.5

常规型绝缘绳索的电气性能

序号	试验项目	试品有效长度 /m	电气性能要求
1	施加工频电压 100kV 时高湿度下交流泄漏电流（相对湿度 90%，温度 20℃，时长 24h，试品长度 0.5m）	0.5	≤300μA
2	工频干闪电压	0.5	≤170kV

防潮型绝缘绳索的电气性能

序号	试验项目	试品有效长度 /m	电气性能要求
1	工频干闪电压	0.5	≥170kV
2	持续高湿度下工频泄漏电流（相对湿度 90%，温度 20℃，时长 168h，施加工频电压 100kV）	0.5	≤300μA
3	浸水后工频泄漏电流（水电阻率 100Ω·m，浸泡 15min，抖落表面附着水珠，施加工频电压 100kV）	0.5	≤500μA

序号	试 验 项 目	试品有效长度 /m	电气性能要求
4	淋雨工频闪络电压 （雨量 1～1.5mm/min，水电阻率 100Ω·m）	0.5	≤60kV
5	50%断裂负荷拉伸后，高湿度下工频泄漏电流（相对湿度 90%， 温度 20℃，时长 168h，施加工频电压 100kV）	0.5	≤100μA
6	经漂洗后，高湿度下工频泄漏电流（相对湿度 90%， 温度 20℃，时长 168h，施加工频电压 100kV）	0.5	≤100μA
7	经磨损后，高湿度下工频泄漏电流（相对湿度 90%， 温度 20℃，时长 168h，施加工频电压 100kV）	0.5	≤100μA

参考图片及参数

企业名称	型号规格	材质	直径 /mm	断裂强度 /kN	单位重量 /(kg·m^{-1})	型式试验报告
兴化市佳辉电力器具有限公司	TJSX－F	蚕丝	12	≥12.4	0.09	有
	TJSX	防潮蚕丝	12	≥12.4	0.09	有
西安鑫烁电力科技有限公司	XS－XHS－10×20	防潮蚕丝	10	≥12.3	0.08～0.1	有
江苏恒安电力工具有限公司	HA－XHS－1	防潮蚕丝	12	≥12.4	0.09	无

20 绝缘测距绳

适用电压等级 110～1000kV

用途

用于带电测量线路间交叉跨越距离。

执行标准

GB 13035　带电作业用绝缘绳索

GB/T 18037　带电作业工具基本技术要求与设计导则

DL/T 877　带电作业工具、装置和设备使用的一般要求

DL/T 878　带电作业绝缘工具试验导则

DL/T 976　带电作业工具、装置和设备预防性试验规程

DL/T 1240　1000kV 带电作业工具、装置和设备预防性试验规程

相关标准技术性能要求

1. 材料要求：采用脱胶不少于 25%，且洁白、无杂质、长纤维的蚕丝为原材料。

2. 机械性能：绝缘绳直径、伸长率及断裂强度应满足下表要求。

机 械 性 能 要 求

规　　格	直径/mm	伸长率/%	断裂强度/kN
TJS－4	4±0.2	≤20	≥2.0
TJS－6	6±0.3	≤20	≥4.0
TJS－7	8±0.3	≤20	≥6.2
TJS－10	10±0.3	≤35	≥8.3
TJS－12	12±0.4	≤35	≥11.2
TJS－14	14±0.4	≤35	≥14.4
TJS－16	16±0.4	≤35	≥18.0
TJS－18	18±0.5	≤44	≥22.5
TJS－20	20±0.5	≤44	≥27.0
TJS－22	22±0.5	≤44	≥32.4
TJS－24	24±0.5	≤44	≥37.3

3. 工艺要求：①绝缘绳索应在通风良好、有防尘设备的室内生产，不得沾染油污及其他污染，不得受潮；②每股绝缘绳索及每股线均应紧密绞合，不得有松散、分股的现象；③绳索各股中丝线均不应有叠痕、凸起、压伤、背股、抽筋等缺陷；④接头应单根丝线连接，不允许有股接头，单丝接头应封闭在绳股内部，不得露在外面；⑤股绳和股线的捻距及纬线在其全长上应该均匀；⑥彩色绝缘绳索应色彩均匀一致；⑦应有明显的距离标志，如 1m、5m、10m 等。

4. 电气性能：

10～220kV 成品试验

额定电压 /kV	试验长度 /m	工频耐压试验				泄漏电流试验		
		型式试验		预防性试验（出厂试验）		型式试验		
		试验电压 /kV	耐压时间 /min	试验电压 /kV	耐压时间 /min	试验电压 /kV	加压时间 /min	泄漏电流 /mA
10	0.4	100	1	45	1	8	15	<0.5

额定电压/kV	试验长度/m	工频耐压试验 型式试验 试验电压/kV	工频耐压试验 型式试验 耐压时间/min	工频耐压试验 预防性试验（出厂试验）试验电压/kV	工频耐压试验 预防性试验（出厂试验）耐压时间/min	泄漏电流试验 型式试验 试验电压/kV	泄漏电流试验 型式试验 加压时间/min	泄漏电流试验 型式试验 泄漏电流/mA
35	0.6	150	1	95	1	26	15	<0.5
66	0.7	175	1	175	1	46	15	<0.5
110	1.0	250	1	220	1	78	15	<0.5
220	1.8	450	1	440	1	153	15	<0.5

330～750kV 成品试验

额定电压/kV	试验长度/m	工频耐压试验 型式试验 试验电压/kV	工频耐压试验 型式试验 耐压时间/min	工频耐压试验 预防性试验（出厂试验）试验电压/kV	工频耐压试验 预防性试验（出厂试验）耐压时间/min	操作冲击耐压试验 型式试验 试验电压/kV	操作冲击耐压试验 型式试验 冲击次数/次	操作冲击耐压试验 预防性试验 试验电压/kV	操作冲击耐压试验 预防性试验 冲击次数/次	泄漏电流试验 型式试验 试验电压/kV	泄漏电流试验 型式试验 加压时间/min	泄漏电流试验 型式试验 泄漏电流/mA
330	2.8	420	5	380	3	900	15	800	15	230	15	<0.5
500	3.7	640	5	580	3	1175	15	1050	15	350	15	<0.5
750	4.7	860	5	780	3	1400	15	1250	15	510	15	<0.5

常规型绝缘绳索的电气性能

序号	试验项目	试品有效长度/m	电气性能要求
1	施加工频电压100kV时高湿度下交流泄漏电流（相对湿度90%，温度20℃，时长24h，试品长度0.5m）	0.5	≤300μA
2	工频干闪电压	0.5	≤170kV

防潮型绝缘绳索的电气性能

序号	试验项目	试品有效长度/m	电气性能要求
1	工频干闪电压	0.5	≥170kV
2	持续高湿度下工频泄漏电流（相对湿度90%，温度20℃，时长168h，施加工频电压100kV）	0.5	≤300μA
3	浸水后工频泄漏电流（水电阻率100Ω·m，浸泡15min，抖落表面附着水珠，施加工频电压100kV）	0.5	≤500μA
4	淋雨工频闪络电压（雨量1～1.5mm/min，水电阻率100Ω·m）	0.5	≤60kV

序号	试 验 项 目	试品有效长度 /m	电气性能要求
5	50%断裂负荷拉伸后，高湿度下工频泄漏电流（相对湿度90%，温度20℃，时长168h，施加工频电压100kV）	0.5	≤100μA
6	经漂洗后，高湿度下工频泄漏电流（相对湿度90%，温度20℃，时长168h，施加工频电压100kV）	0.5	≤100μA
7	经磨损后，高湿度下工频泄漏电流（相对湿度90%，温度20℃，时长168h，施加工频电压100kV）	0.5	≤100μA

参考图片及参数

企 业 名 称	型号规格	直径 /mm	断裂强度 /kN	单位重量 /(kg·m⁻¹)	间隔标记 方式	型式试验 报告
西安鑫烁电力科技有限公司	XS-CJS-4×50m	4	≥4.3	0.01~0.02	数字	有
江苏恒安电力工具有限公司	HA-CJS-1	4	≥4.5	0.019	数字	无

21 绝缘软梯

适用电压等级

110~1000kV

用途

用于输变电带电作业工作中进出等电位作业。

执行标准

GB 13035 带电作业用绝缘绳索

GB 13398 带电作业用空心绝缘管、泡沫填充绝缘管和实心绝缘棒

GB/T 18037 带电作业工具基本技术要求与设计导则

DL/T 877 带电作业工具、装置和设备使用的一般要求

DL/T 878 带电作业绝缘工具试验导则

DL/T 976　带电作业工具、装置和设备预防性试验规程

DL/T 1240　1000kV 带电作业工具、装置和设备预防性试验规程

相关标准技术性能要求

1. 材料要求：边绳和环型绳宜采用脱胶不少于 25％、且洁白、无杂质、长纤维的蚕丝为原材料，横蹬应采用环氧酚醛层压玻璃布管为原材料。

2. 机械性能：抗拉性能（两边绳上下端绳索套扣为 16.2kN，两边绳上端绳索套扣至横蹬中心点为 2.4kN）持续 5min 无变形、无损伤；软梯头挂重性能（静负荷试验：2.4kN，动负荷试验：2.0kN）良好，其中静负荷试验应在所列数值下持续 5min 无变形、无损伤，动负荷试验应在所列数据下操作 3 次，加载后要求其能在导地线上移动自如，灵活、无卡阻现象。

3. 工艺要求：①边绳和环型绳的直径为 10mm，绳股的捻距为 32mm±0.3mm；②每股绝缘绳索及每股线均应紧密绞合，不得有松散、分股的现象；③绳索各股中丝线均不应有叠痕、凸起、压伤、背股、抽筋等缺陷；④接头应单根丝线连接，不允许有股接头，单丝接头应封闭在绳股内部，不得露在外面；⑤用作横蹬的环氧酚醛层压玻璃布管，其外径为 22mm，壁厚为 3mm，长度为 300mm，两端管口呈 $R1.5$ 的圆弧状，且应平整、光滑，外表面涂有绝缘漆。

4. 电气性能：

10～220kV 成品试验

额定电压 /kV	试验长度 /m	工频耐压试验					泄漏电流试验		
		型式试验		预防性试验（出厂试验）			型式试验		
		试验电压 /kV	耐压时间 /min	试验电压 /kV	耐压时间 /min	试验电压 /kV	加压时间 /min	泄漏电流 /mA	
10	0.4	100	1	45	1	8	15	＜0.5	
35	0.6	150	1	95	1	26	15	＜0.5	
66	0.7	175	1	175	1	46	15	＜0.5	
110	1.0	250	1	220	1	78	15	＜0.5	
220	1.8	450	1	440	1	153	15	＜0.5	

330～750kV 成品试验

额定电压 /kV	试验长度 /m	工频耐压试验				操作冲击耐压试验				泄漏电流试验		
		型式试验		预防性试验（出厂试验）		型式试验		预防性试验		型式试验		
		试验电压 /kV	耐压时间 /min	试验电压 /kV	耐压时间 /min	试验电压 /kV	冲击次数 /次	试验电压 /kV	冲击次数 /次	试验电压 /kV	加压时间 /min	泄漏电流 /mA
330	2.8	420	5	380	3	900	15	800	15	230	15	＜0.5
500	3.7	640	5	580	3	1175	15	1050	15	350	15	＜0.5
750	4.7	860	5	780	3	1400	15	1250	15	510	15	＜0.5

常规型绝缘绳索的电气性能

序号	试 验 项 目	试品有效长度 /m	电气性能要求
1	施加工频电压100kV时高湿度下交流泄漏电流（相对湿度90％，温度20℃，时长24h，试品长度0.5m）	0.5	≤300μA
2	工频干闪电压	0.5	≤170kV

防潮型绝缘绳索的电气性能

序号	试 验 项 目	试品有效长度 /m	电气性能要求
1	工频干闪电压	0.5	≥170kV
2	持续高湿度下工频泄漏电流（相对湿度90％，温度20℃，时长168h，施加工频电压100kV）	0.5	≤300μA
3	浸水后工频泄漏电流（水电阻率100Ω·m，浸泡15min，抖落表面附着水珠，施加工频电压100kV）	0.5	≤500μA
4	淋雨工频闪络电压（雨量1～1.5mm/min，水电阻率100Ω·m）	0.5	≤60kV
5	50％断裂负荷拉伸后，高湿度下工频泄漏电流（相对湿度90％，温度20℃，时长168h，施加工频电压100kV）	0.5	≤100μA
6	经漂洗后，高湿度下工频泄漏电流（相对湿度90％，温度20℃，时长168h，施加工频电压100kV）	0.5	≤100μA
7	经磨损后，高湿度下工频泄漏电流（相对湿度90％，温度20℃，时长168h，施加工频电压100kV）	0.5	≤100μA

参考图片及参数

企业名称	型号规格	侧绳直径 /mm	额定工作 负荷 /kN	梯横撑 宽度 /mm	梯间隔 宽度 /mm	边绳和 环型绳 材质	型式试验 报告
西安鑫烁电力科技 有限公司	XS-JRT-14	14	1	300	350	防潮蚕丝	有
	XS-JRT-14	14	1	300	350	蚕丝	有
江苏恒安电力工具 有限公司	HA-RT-1	14	1	300	350	防潮蚕丝	无
兴化市佳辉电力器具 有限公司	TJST-14-F	14	1	300	350	防潮蚕丝	无
	TJST-14	14	1	300	350	蚕丝	无

22 无极绝缘绳套

适用电压等级 110～1000kV

用途

用于输变电带电作业工作中配合进行起吊工器具或材料。

执行标准

GB 13035 带电作业用绝缘绳索
GB/T 18037 带电作业工具基本技术要求与设计导则
DL/T 877 带电作业工具、装置和设备使用的一般要求
DL/T 878 带电作业绝缘工具试验导则
DL/T 976 带电作业工具、装置和设备预防性试验规程
DL/T 1240 1000kV 带电作业工具、装置和设备预防性试验规程

相关标准技术性能要求

1. 材料要求：宜采用锦纶长丝为原材料。

2. 机械性能：蚕丝、合成纤维、高强度等各种不同规格型号下的无极绝缘绳套伸长率和断裂强度不小于 GB 13035 规程要求；整根进行机械试验，其机械性能应符合 DL/T 976 的规定。

3. 工艺要求：①绝缘绳索应在通风良好、有防尘设备的室内生产，不得沾染油污及其他污染，不得受潮；②每股绝缘绳索及每股线均应紧密绞合，不得有松散、分股的现象；③绳索各股中丝线均不应有叠痕、凸起、压伤、背股、抽筋等缺陷；④接头应单根丝线连接，不允许有股接头，单丝接头应封闭在绳股内部，不得露在外面；⑤股绳和股线的捻距及纬线在其全长上应该均匀；⑥彩色绝缘绳索应色彩均匀一致。

4. 电气性能：

10～220kV 成品试验

额定电压 /kV	试验长度 /m	工频耐压试验				泄漏电流试验		
		型式试验		预防性试验（出厂试验）		型式试验		
		试验电压 /kV	耐压时间 /min	试验电压 /kV	耐压时间 /min	试验电压 /kV	加压时间 /min	泄漏电流 /mA
10	0.4	100	1	45	1	8	15	<0.5
35	0.6	150	1	95	1	26	15	<0.5
66	0.7	175	1	175	1	46	15	<0.5
110	1.0	250	1	220	1	78	15	<0.5
220	1.8	450	1	440	1	153	15	<0.5

330～750kV 成品试验

额定电压 /kV	试验长度 /m	工频耐压试验				操作冲击耐压试验				泄漏电流试验		
		型式试验		预防性试验 （出厂试验）		型式试验		预防性试验		型式试验		
		试验电压 /kV	耐压时间 /min	试验电压 /kV	耐压时间 /min	试验电压 /kV	冲击次数 /次	试验电压 /kV	冲击次数 /次	试验电压 /kV	加压时间 /min	泄漏电流 /mA
330	2.8	420	5	380	3	900	15	800	15	230	15	<0.5
500	3.7	640	5	580	3	1175	15	1050	15	350	15	<0.5
750	4.7	860	5	780	3	1400	15	1250	15	510	15	<0.5

常规型绝缘绳索的电气性能

序号	试验项目	试品有效长度 /m	电气性能要求
1	施加工频电压100kV时高湿度下交流泄漏电流 （相对湿度90%，温度20℃，时长24h，试品长度0.5m）	0.5	≤300μA
2	工频干闪电压	0.5	≤170kV

防潮型绝缘绳索的电气性能

序号	试验项目	试品有效长度 /m	电气性能要求
1	工频干闪电压	0.5	≥170kV
2	持续高湿度下工频泄漏电流（相对湿度90%，温度20℃， 时长168h，施加工频电压100kV）	0.5	≤300μA
3	浸水后工频泄漏电流（水电阻率100Ω·m，浸泡15min， 抖落表面附着水珠，施加工频电压100kV）	0.5	≤500μA
4	淋雨工频闪络电压 （雨量1～1.5mm/min，水电阻率100Ω·m）	0.5	≤60kV

序号	试 验 项 目	试品有效长度/m	电气性能要求
5	50％断裂负荷拉伸后，高湿度下工频泄漏电流（相对湿度90％，温度20℃，时长168h，施加工频电压100kV）	0.5	≤100μA
6	经漂洗后，高湿度下工频泄漏电流（相对湿度90％，温度20℃，时长168h，施加工频电压100kV）	0.5	≤100μA
7	经磨损后，高湿度下工频泄漏电流（相对湿度90％，温度20℃，时长168h，施加工频电压100kV）	0.5	≤100μA

参考图片及参数

 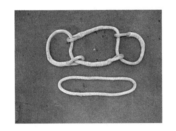 

企 业 名 称	型号规格	额定工作负荷/kN	绳套形式	材质	型式试验报告
兴化市佳辉电力器具有限公司	TGJSW－F	20	无头绳	防潮芳纶	有
	TJSW－F	3	无头绳	防潮蚕丝	有
	TJSW	3	无头绳	蚕丝	有
	TGSW－F	5	无头绳	防潮高强锦纶	有
	TGSW	5	无头绳	高强锦纶	有
江苏恒安电力工具有限公司	HA－ST－1	3	无头绳	防潮蚕丝	无
	HA－ST－2	5	无头绳	防潮高强锦纶	无

23　绝缘绳套

适用电压等级　110～1000kV

用途

用于输变电带电作业工作中配合进行起吊工器具或材料。

执行标准

GB 13035　带电作业用绝缘绳索

GB/T 18037　带电作业工具基本技术要求与设计导则

DL/T 877　带电作业工具、装置和设备使用的一般要求

DL/T 878　带电作业绝缘工具试验导则

DL/T 976　带电作业工具、装置和设备预防性试验规程

DL/T 1240　1000kV 带电作业工具、装置和设备预防性试验规程

相关标准技术性能要求

1. 材料要求：宜采用锦纶长丝为原材料。

2. 机械性能：蚕丝、合成纤维、高强度等各种不同规格型号下的伸长率和断裂强度不小于 GB 13035 规程要求；整根进行机械试验，其机械性能应符合 DL/T 976 的规定。

3. 工艺要求：①绝缘绳索应在通风良好、有防尘设备的室内生产，不得沾染油污及其他污染，不得受潮；②每股绝缘绳索及每股线均应紧密绞合，不得有松散、分股的现象；③绳索各股中丝线均不应有叠痕、凸起、压伤、背股、抽筋等缺陷；④接头应单根丝线连接，不允许有股接头，单丝接头应封闭在绳股内部，不得露在外面；⑤股绳和股线的捻距及纬线在其全长上应该均匀；⑥彩色绝缘绳索应色彩均匀一致。

4. 电气性能：

10～220kV 成品试验

额定电压 /kV	试验长度 /m	工频耐压试验				泄漏电流试验		
		型式试验		预防性试验（出厂试验）		型式试验		
		试验电压 /kV	耐压时间 /min	试验电压 /kV	耐压时间 /min	试验电压 /kV	加压时间 /min	泄漏电流 /mA
10	0.4	100	1	45	1	8	15	<0.5
35	0.6	150	1	95	1	26	15	<0.5
66	0.7	175	1	175	1	46	15	<0.5
110	1.0	250	1	220	1	78	15	<0.5
220	1.8	450	1	440	1	153	15	<0.5

330～750kV 成品试验

额定电压 /kV	试验长度 /m	工频耐压试验				操作冲击耐压试验				泄漏电流试验		
		型式试验		预防性试验（出厂试验）		型式试验		预防性试验		型式试验		
		试验电压 /kV	耐压时间 /min	试验电压 /kV	耐压时间 /min	试验电压 /kV	冲击次数 /次	试验电压 /kV	冲击次数 /次	试验电压 /kV	加压时间 /min	泄漏电流 /mA
330	2.8	420	5	380	3	900	15	800	15	230	15	<0.5
500	3.7	640	5	580	3	1175	15	1050	15	350	15	<0.5
750	4.7	860	5	780	3	1400	15	1250	15	510	15	<0.5

常规型绝缘绳索的电气性能

序号	试 验 项 目	试品有效长度 /m	电气性能要求
1	施加工频电压 100kV 时高湿度下交流泄漏电流（相对湿度 90%，温度 20℃，时长 24h，试品长度 0.5m）	0.5	≤300μA
2	工频干闪电压	0.5	≤170kV

防潮型绝缘绳索的电气性能

序号	试 验 项 目	试品有效长度 /m	电气性能要求
1	工频干闪电压	0.5	≥170kV
2	持续高湿度下工频泄漏电流（相对湿度 90%，温度 20℃，时长 168h，施加工频电压 100kV）	0.5	≤300μA
3	浸水后工频泄漏电流（水电阻率 100Ω·m，浸泡 15min，抖落表面附着水珠，施加工频电压 100kV）	0.5	≤500μA
4	淋雨工频闪络电压（雨量 1~1.5mm/min，水电阻率 100Ω·m）	0.5	≤60kV
5	50%断裂负荷拉伸后，高湿度下工频泄漏电流（相对湿度 90%，温度 20℃，时长 168h，施加工频电压 100kV）	0.5	≤100μA
6	经漂洗后，高湿度下工频泄漏电流（相对湿度 90%，温度 20℃，时长 168h，施加工频电压 100kV）	0.5	≤100μA
7	经磨损后，高湿度下工频泄漏电流（相对湿度 90%，温度 20℃，时长 168h，施加工频电压 100kV）	0.5	≤100μA

参考图片及参数

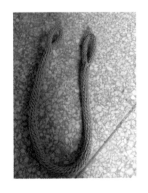

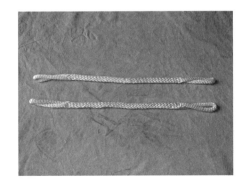

企业名称	型号规格	材质	额定工作负荷 /kN	绳套形式	型式试验报告
兴化市佳辉电力器具有限公司	TGJSQ－F	防潮芳纶	20	双扣绳	有
	TJSQ－F	防潮蚕丝	3	双扣绳	有
	TJSQ	蚕丝	3	双扣绳	有
	TGSQ－F	防潮锦纶	5	双扣绳	有
	TGSQ	锦纶	5	双扣绳	有
西安鑫烁电力科技有限公司	XS－JST－16×400	防潮蚕丝	5	可自定	有
	XS－JST－16×400	防潮高强锦纶	5	可自定	有
江苏恒安电力工具有限公司	HA－QJ－1	—	3	—	无
	HA－QJ－2	—	5	—	无

24 人身绝缘保险绳

适用电压等级　110～1000kV

用途

用于输变电带电作业工作中防止作业人员高空坠落的一种后备保护。

执行标准

GB 13035　带电作业用绝缘绳索

GB/T 18037　带电作业工具基本技术要求与设计导则

DL/T 877　带电作业工具、装置和设备使用的一般要求

DL/T 878　带电作业绝缘工具试验导则

DL/T 976　带电作业工具、装置和设备预防性试验规程

DL/T 1240　1000kV 带电作业工具、装置和设备预防性试验规程

相关标准技术性能要求

1. 材料要求：宜采用锦纶长丝为原材料。

2. 机械性能：蚕丝、合成纤维、高强度等各种不同规格型号下的伸长率和断裂强度不小于 GB 13035 规程要求；其整根保险绳的抗拉性能应在静拉力 4.4kN 下持续 5min 无变形、无损伤。

3. 工艺要求：①绝缘绳索应在通风良好、有防尘设备的室内生产，不得沾染油污及其他污染，不得受潮；②每股绝缘绳索及每股线均应紧密绞合，不得有松散、分股的现象；③绳索各股中丝线均不应有叠痕、凸起、压伤、背股、抽筋等缺陷；④接头应单根丝线连接，不允许有股接头，单丝接头应封闭在绳股内部，不得露在外面；⑤股绳和股线的捻距及纬线在其全长上应该均匀；⑥彩色绝缘绳索应色彩均匀一致。

4. 电气性能：

10～220kV 成品试验

额定电压/kV	试验长度/m	工频耐压试验				泄漏电流试验		
		型式试验		预防性试验（出厂试验）		型式试验		
		试验电压/kV	耐压时间/min	试验电压/kV	耐压时间/min	试验电压/kV	加压时间/min	泄漏电流/mA
10	0.4	100	1	45	1	8	15	<0.5
35	0.6	150	1	95	1	26	15	<0.5
66	0.7	175	1	175	1	46	15	<0.5
110	1.0	250	1	220	1	78	15	<0.5
220	1.8	450	1	440	1	153	15	<0.5

330～750kV 成品试验

额定电压/kV	试验长度/m	工频耐压试验				操作冲击耐压试验				泄漏电流试验		
		型式试验		预防性试验（出厂试验）		型式试验		预防性试验		型式试验		
		试验电压/kV	耐压时间/min	试验电压/kV	耐压时间/min	试验电压/kV	冲击次数/次	试验电压/kV	冲击次数/次	试验电压/kV	加压时间/min	泄漏电流/mA
330	2.8	420	5	380	3	900	15	800	15	230	15	<0.5
500	3.7	640	5	580	3	1175	15	1050	15	350	15	<0.5
750	4.7	860	5	780	3	1400	15	1250	15	510	15	<0.5

常规型绝缘绳索的电气性能

序号	试 验 项 目	试品有效长度/m	电气性能要求
1	施加工频电压100kV时高湿度下交流泄漏电流（相对湿度90%，温度20℃，时长24h，试品长度0.5m）	0.5	≤300μA
2	工频干闪电压	0.5	≤170kV

防潮型绝缘绳索的电气性能

序号	试 验 项 目	试品有效长度/m	电气性能要求
1	工频干闪电压	0.5	≥170kV
2	持续高湿度下工频泄漏电流（相对湿度90%，温度20℃，时长168h，施加工频电压100kV）	0.5	≤300μA
3	浸水后工频泄漏电流（水电阻率100Ω·m，浸泡15min，抖落表面附着水珠，施加工频电压100kV）	0.5	≤500μA
4	淋雨工频闪络电压（雨量1～1.5mm/min，水电阻率100Ω·m）	0.5	≤60kV

续表

序号	试 验 项 目	试品有效长度 /m	电气性能要求
5	50％断裂负荷拉伸后，高湿度下工频泄漏电流（相对湿度90％，温度20℃，时长168h，施加工频电压100kV）	0.5	≤100μA
6	经漂洗后，高湿度下工频泄漏电流（相对湿度90％，温度20℃，时长168h，施加工频电压100kV）	0.5	≤100μA
7	经磨损后，高湿度下工频泄漏电流（相对湿度90％，温度20℃，时长168h，施加工频电压100kV）	0.5	≤100μA

参考图片及参数

企业名称	型号规格	材质	直径 /mm	长度 /mm	型式试验报告
兴化市佳辉电力器具有限公司	TJSB－16－F	防潮蚕丝	16	3000（客户可自定）	有
	TJSB－16	蚕丝	16	3000（客户可自定）	有
	GJS－16－F	防潮高强锦纶	16	3000（客户可自定）	有
	GJS－16	高强锦纶	16	3000（客户可自定）	有
西安鑫烁电力科技有限公司	XS－JBS－14	蚕丝	14	客户可自定	有
	XS－JBS－16	蚕丝	16	客户可自定	有
江苏恒安电力工具有限公司	HA－BXS－1	防潮蚕丝	14	2000	无

25　导线绝缘保险绳

适用电压等级　110～1000kV

用途

　　用于输电带电作业工作中防止导地线意外脱落的一种后备保护。

GB 13035　带电作业用绝缘绳索

GB/T 18037　带电作业工具基本技术要求与设计导则

DL/T 877　带电作业工具、装置和设备使用的一般要求

DL/T 878　带电作业绝缘工具试验导则

DL/T 976　带电作业工具、装置和设备预防性试验规程

DL/T 1240　1000kV 带电作业工具、装置和设备预防性试验规程

相关标准技术性能要求

1. 材料要求：宜采用蚕丝为原材料。

2. 机械性能：蚕丝、合成纤维、高强度等各种不同规格型号下的伸长率和断裂强度不小于 GB 13035 规程要求，具体见相关绝缘绳索的参数描述；其整根保险绳的抗拉性能应在下表要求的数据下持续 5min 无变形，无损伤。

机 械 性 能 要 求

规　格	静拉力/kN
240mm² 及以下单导线	20
400mm² 及以下单导线	30
2×300mm² 及以下双分裂导线	60
2×630mm² 及以下双分裂导线	60
4×400mm² 及以下四分裂导线	60
4×720mm² 及以下四分裂导线	110

3. 工艺要求：①绝缘绳索应在通风良好、有防尘设备的室内生产，不得沾染油污及其他污染，不得受潮；②每股绝缘绳索及每股线均应紧密绞合，不得有松散、分股的现象；③绳索各股中丝线均不应有叠痕、凸起、压伤、背股、抽筋等缺陷；④接头应单根丝线连接，不允许有股接头，单丝接头应封闭在绳股内部，不得露在外面；⑤股绳和股线的捻距及纬线在其全长上应该均匀；⑥彩色绝缘绳索应色彩均匀一致。

4. 电气性能：

10～220kV 成品试验

额定电压/kV	试验长度/m	工频耐压试验				泄漏电流试验		
		型式试验		预防性试验（出厂试验）		型式试验		
		试验电压/kV	耐压时间/min	试验电压/kV	耐压时间/min	试验电压/kV	加压时间/min	泄漏电流/mA
10	0.4	100	1	45	1	8	15	<0.5
35	0.6	150	1	95	1	26	15	<0.5
66	0.7	175	1	175	1	46	15	<0.5
110	1.0	250	1	220	1	78	15	<0.5
220	1.8	450	1	440	1	153	15	<0.5

330～750kV 成品试验

额定电压/kV	试验长度/m	工频耐压试验				操作冲击耐压试验				泄漏电流试验		
		型式试验		预防性试验（出厂试验）		型式试验		预防性试验		型式试验		
		试验电压/kV	耐压时间/min	试验电压/kV	耐压时间/min	试验电压/kV	冲击次数/次	试验电压/kV	冲击次数/次	试验电压/kV	加压时间/min	泄漏电流/mA
330	2.8	420	5	380	3	900	15	800	15	230	15	＜0.5
500	3.7	640	5	580	3	1175	15	1050	15	350	15	＜0.5
750	4.7	860	5	780	3	1400	15	1250	15	510	15	＜0.5

常规型绝缘绳索的电气性能

序号	试 验 项 目	试品有效长度/m	电气性能要求
1	施加工频电压 100kV 时高湿度下交流泄漏电流（相对湿度 90%，温度 20℃，时长 24h，试品长度 0.5m）	0.5	≤300μA
2	工频干闪电压	0.5	≤170kV

防潮型绝缘绳索的电气性能

序号	试 验 项 目	试品有效长度/m	电气性能要求
1	工频干闪电压	0.5	≥170kV
2	持续高湿度下工频泄漏电流（相对湿度 90%，温度 20℃，时长 168h，施加工频电压 100kV）	0.5	≤300μA
3	浸水后工频泄漏电流（水电阻率 100Ω·m，浸泡 15min，抖落表面附着水珠，施加工频电压 100kV）	0.5	≤500μA
4	淋雨工频闪络电压（雨量 1～1.5mm/min，水电阻率 100Ω·m）	0.5	≤60kV
5	50%断裂负荷拉伸后，高湿度下工频泄漏电流（相对湿度 90%，温度 20℃，时长 168h，施加工频电压 100kV）	0.5	≤100μA
6	经漂洗后，高湿度下工频泄漏电流（相对湿度 90%，温度 20℃，时长 168h，施加工频电压 100kV）	0.5	≤100μA
7	经磨损后，高湿度下工频泄漏电流（相对湿度 90%，温度 20℃，时长 168h，施加工频电压 100kV）	0.5	≤100μA

参考图片及参数

企业名称	型号规格	直径/mm	长度/m	材质	电压等级/kV	断裂强度/kN	型式试验报告
兴化市佳辉电力器具有限公司	TGJSP-110-F	18	1.8	防潮芳纶	110	≥110.5	有
	TGJSP-220-F	20	2.6	防潮芳纶	220	≥136.8	有
	TGJSP-500-F	24	8	防潮芳纶	500	≥160	有
	TGJSP-800-F	32	15	防潮芳纶	800	≥500	有
	TJS-1000-F	32	15	防潮芳纶	1000	≥500	有
	TJS-110-F	24	1.8	防潮蚕丝	110	≥41.5	有
	TJS-220-F	28	2.6	防潮蚕丝	220	≥56.8	有
	GJSP-110-F	20	1.8	防潮锦纶	110	≥68.8	有
	GJSP-220-F	24	2.6	防潮锦纶	220	≥80	有
	GJSP-500-F	30	8	防潮锦纶	500	≥110.5	有
江苏恒安电力工具有限公司	HA-DXBHS-1	16	2.6	防潮锦纶	110	≥26	无
	HA-DXBHS-2	22	3.2	防潮蚕丝	110	≥36	无
	HA-DXBHS-3	20	2.6	防潮锦纶	220	≥38	无
	HA-DXBHS-4	24	3.2	防潮蚕丝	220	≥41	无
西安鑫烁电力科技有限公司	XS-DJBS-18	18	1.8	防潮芳纶	110	≥110.5	无
	XS-DJBS-24	24	1.8	防潮芳纶	110	≥110.5	无
	XS-DJBS-20	20	2.6	防潮芳纶	220	≥136.8	无
	XS-DJBS-24	24	8	防潮芳纶	500	≥160	无
	XS-DJBS-32-1	32	15	防潮芳纶	800	≥500	无
	XS-DJBS-32-2	32	15	防潮芳纶	1000	≥500	无

四

金 属 工 具

1 翼形卡

| 适用电压等级 | $110\sim1000\mathrm{kV}$ |

用途

用于输电带电作业工作中更换耐张整串绝缘子。

执行标准

GB/T 18037 带电作业工具基本技术要求与设计导则

DL/T 463 带电作业用绝缘子卡具

DL/T 877 带电作业工具、装置和设备使用的一般要求

DL/T 976 带电作业工具、装置和设备预防性试验规程

GB/T 3191 铝及铝合金挤压棒材

GB/T 3077 合金结构钢

GB/T 8753.1 铝及铝合金阳极氧化 氧化膜封孔质量的评定方法 第 1 部分：无硝酸预浸的磷铬酸法

GB/T 8753.2 铝及铝合金阳极氧化 氧化膜封孔质量的评定方法 第 2 部分：硝酸预浸的磷铬酸法

GB/T 14952.3 铝及铝合金阳极氧化 着色阳极氧化膜色差和外观质量检验方法 目视观察法

HB 5035 锌镀层质量检验

HB 5062 钢铁零件化学氧化（发蓝）膜层质量检验

相关标准技术性能要求

1. 卡具额定荷重要求：卡具额定荷重的取值为

$$P = P_0 \times 25\% + 5$$

式中 P——卡具的额定荷重，kN；

P_0——适用的绝缘子或金具级别，kN。

2. 外观要求：

（1）卡具各组成部分零件表面应光滑、平整，无毛刺、尖棱、裂纹等缺陷。

（2）卡具与挂点（即卡具定位用的金具）接触面的配合应紧密可靠，非接触面应留有1～2mm间隙，以便于卡具安装或拆卸。

（3）卡具各零件尺寸公差、形状公差、总体尺寸应符合设计图纸要求。

3. 卡具材料的要求：

（1）使用前应对卡具主体及其他主要受力零件原材料的化学成分、力学性能进行复验，对铝合金材料还应按 DL/T 463 的相关条款进行低倍组织检验。

（2）卡具主体宜采用 LC4 铝合金材料，材料应符合 GB/T 3191 的有关规定。

（3）丝杠与其他主要受力零件，宜采用 40Cr 材料或性能更好的合金钢材料，材料应符合 GB/T 3077 的有关规定。

4. 工艺要求：

（1）卡具主体应采用模锻件或自由锻件毛坯加工成型。产品试制时应对采用的毛坯低倍组织及流线按 DL/T 463 的有关要求检验，合格后将工艺定型，方可批量生产。毛坯热处理后的硬度不小于 125。

（2）卡具主体加工成型后，首先进行荧光或超声波探伤，确保卡具主体无裂纹后，再对表面进行阳极氧化处理，氧化膜的质量按 GB/T 8753.1、GB/T 8753.2 和 GB/T 14952.3 的有关规定进行检验。

（3）所有的钢制零件表面应进行镀锌或发蓝处理，镀锌层的质量按 HB 5035 的有关规定进行检验，发蓝质量按 HB 5062 的有关规定进行检验。对于 40Cr、45Mn$_2$ 等易氢脆材料，镀锌处理后应除氢。

5. 型式试验要求：型式试验是对 3 个产品样件进行试验，以证明产品符合设计性能要求。型式试验在外观检验和主要尺寸检验合格后，分别按照卡具额定荷重的 1.5 倍、2.5 倍、3.0 倍进行动荷重试验、静荷重试验、破坏性试验。经过型式试验的样品，不再出厂销售和使用。

6. 出厂试验要求：对出厂产品应逐个进行试验，试验项目包括外观检验、主要尺寸检验、动荷重试验。动荷重试验标准为卡具按实际工作状态布置，在 1.5 倍额定荷重作用下，进行 3 次操作，各零件无变形、损伤，操作灵活可靠，无卡阻者为合格。

7. 标志包装要求：

（1）用压印法或其他方法将卡具标志标刻在易识别的部位，压痕深度应不大于 0.1mm。标志内容为卡具型号规格、制造厂名简称或代号、商标、出厂编号（包括生产年、月、批次）。

（2）包装箱内应附有制造厂质量部门的质检合格证及使用说明书。

参考图片及参数

企业名称	型号规格	主要材质	适用电压等级 /kV	额定负荷 /kN	后卡挂点	前卡挂点	型式试验报告
江苏恒安电力工具有限公司	HA－YXK/110	铝合金 LC4	110	30	牵引板	U型环	无
	HA－YXK/220	铝合金 LC4	220	40	牵引板	U型环	无
	HA－YXK/330	铝合金 LC4	330	40	牵引板	U型环	无
汉中群峰机械制造有限公司	NYK215－840	钛合金 TC4	±1100	215	直角挂板及螺栓	双联碗头及螺栓	无
	NYK195－760	钛合金 TC4	±1100 及以下	195	直角挂板及螺栓	双联碗头及螺栓	无
	NYK145－550	钛合金 TC4	±1100 及以下	145	牵引板	平行挂板及螺栓	无
	NYK140－530	钛合金 TC4	±800 及以下	140	直角挂板及螺栓	碗头挂板及螺栓	无
	NYK110－420	钛合金 TC4	±800 及以下	110	牵引板	平行挂板及螺栓	无
	NYK105－400	钛合金 TC4	750 及以下	105	双联碗头及螺栓	双联碗头及螺栓	无
	NYK80－300	铝合金 LC4	±660 及以下	80	牵引板	双联碗头及螺栓	无
	NYK60－210	铝合金 LC4	±660 及以下	60	牵引板	梯形联板	无
	NYK45－160	铝合金 LC4	500 及以下	45	牵引板	梯形联板	无
	NYK35－120	铝合金 LC4	220 及以下	35	牵引板	梯形联板	无
	NYK30－100	铝合金 LC4	220 及以下	30	牵引板	梯形联板	无
西安鑫烁电力科技有限公司	XS－YXK110	铝合金 LC4	110	30	牵引板	U型环	无
	XS－YXK220	铝合金 LC4	220	80	牵引板	U型环	无
	XS－YXK330	铝合金 LC4	330	80	牵引板	U型环	无
台州大通	NYK20	铝合金 LC4	110	20	直角挂板	耐张线夹	有
	NYK30	铝合金 LC4	220	30	直角挂板	耐张线夹	有
	NYK60	铝合金 LC4	550	60	牵引板	垂直联板	无
	NYK80	铝合金 LC4	550	80	牵引板	垂直联板	无

2 大刀卡

适用电压等级　110～1000kV

用途

用于输电带电作业工作中更换耐张整串绝缘子。

执行标准

GB/T 18037　带电作业工具基本技术要求与设计导则

DL/T 463　带电作业用绝缘子卡具

DL/T 877　带电作业工具、装置和设备使用的一般要求

DL/T 976　带电作业工具、装置和设备预防性试验规程

GB/T 3191　铝及铝合金挤压棒材

GB/T 3077　合金结构钢

GB/T 8753.1　铝及铝合金阳极氧化 氧化膜封孔质量的评定方法 第1部分：无硝酸预浸的磷铬酸法

GB/T 8753.2　铝及铝合金阳极氧化 氧化膜封孔质量的评定方法 第2部分：硝酸预浸的磷铬酸法

GB/T 14952.3　铝及铝合金阳极氧化 着色阳极氧化膜色差和外观质量检验方法 目视观察法

HB 5035　锌镀层质量检验

HB 5062　钢铁零件化学氧化（发蓝）膜层质量检验

相关标准技术性能要求

1. 卡具额定荷重要求：卡具额定荷重的取值一般为

$$P = P_0 \times 25\% + 5$$

式中　P——卡具的额定荷重，kN；

　　　P_0——适用的绝缘子或金具级别，kN。

2. 外观要求：

（1）卡具各组成部分零件表面应光滑、平整，无毛刺、尖棱、裂纹等缺陷。

（2）卡具与挂点（即卡具定位用的金具）接触面的配合应紧密可靠，非接触面应留有1～2mm 间隙，以便于卡具安装或拆卸。

（3）卡具各零件尺寸公差、形状公差、总体尺寸应符合设计图纸要求。

3. 卡具材料的要求：

（1）使用前，应对卡具主体及其他主要受力零件原材料的化学成分、力学性能进行复验，对铝合金材料还应按 DL/T 463 的相关条款进行低倍组织检验。

（2）卡具主体宜采用 LC4 铝合金材料，材料应符合 GB/T 3191 的有关规定。

（3）丝杠与其他主要受力零件，宜采用 40Cr 材料或性能更好的合金钢材料，材料应符合 GB/T 3077 的有关规定。

4. 工艺要求：

（1）卡具主体应采用模锻件或自由锻件毛坯加工成型。产品试制时应对采用的毛坯低倍组织及流线按 DL/T 463 的有关要求检验，合格后将工艺定型，方可批量生产。毛坯热处理后的硬度不小于125。

（2）卡具主体加工成型后，首先进行荧光或超声波探伤，确保卡具主体无裂纹后，再对表面进行阳极氧化处理，氧化膜的质量按 GB/T 8753.1、GB/T 8753.2 和 GB/T 14952.3 的有关规定进行检验。

（3）所有的钢制零件表面应进行镀锌或发蓝处理，镀锌层的质量按 HB 5035 的有关规定进行检验，发蓝质量按 HB 5062 的有关规定进行检验。对于 40Cr、$45Mn_2$ 等易氢脆材料，镀锌处理后应除氢。

5. 型式试验要求：型式试验是对 3 个产品样件进行试验，以证明产品符合设计性能要求。型式试验在外观检验和主要尺寸检验合格后，分别按照卡具额定荷重的 1.5 倍、2.5 倍、3.0 倍进行动荷重试验、静荷重试验、破坏性试验。经过型式试验的样品，不再出厂销售和使用。

6. 出厂试验要求：对出厂产品应逐个进行试验，试验项目包括外观检验、主要尺寸检验、动荷重试验。动荷重试验标准为卡具按实际工作状态布置，在 1.5 倍额定荷重作用下，进行 3 次操作，各零件无变形、损伤，操作灵活可靠，无卡阻者为合格。

7. 标志包装要求：

（1）用压印法或其他方法将卡具标志标刻在易识别的部位，压痕深度应不大于 0.1mm。标志内容为卡具型号规格、制造厂名简称或代号、商标、出厂编号（包括生产年、月、批次）。

（2）包装箱内应附有制造厂质量部门的质检合格证及使用说明书。

参考图片及参数

企业名称	型号规格	主要材质	适用电压等级/kV	额定负荷/kN	上卡挂点	下卡挂点	型式试验报告
台州大通	NDK30	铝合金 LC4	220	30	三角联板	三角联板	有
江苏恒安电力工具有限公司	HA－DDK/110	铝合金 LC4	110	30	三角联板	三角联板	无
	HA－DDK/220	铝合金 LC4	220	40	三角联板	三角联板	无
	HA－DDK/330	铝合金 LC4	330	40	三角联板	三角联板	无
汉中群峰机械制造有限公司	NDK145－550	钛合金 TC4	1000 及以下	145	铁塔横担挂点角钢	三角联板	—
	NDK110－420	钛合金 TC4	1000 及以下	110	铁塔横担挂点角钢	三角联板	—
	NDK105－400	钛合金 TC4	±800 及以下	105	铁塔横担挂点角钢	三角联板	—
	NDK80－300	钛合金 TC4	±800 及以下	80	铁塔横担挂点角钢	三角联板	—
	NDK60－210	铝合金 LC4	±660 及以下	60	铁塔横担挂点角钢	三角联板	—
	NDK45－160	铝合金 LC4	500 及以下	45	铁塔横担挂点角钢	三角联板	—
	NDK35－120	铝合金 LC4	330 及以下	35	铁塔横担挂点角钢	三角联板	—
	NDK30－100	铝合金 LC4	330 及以下	30	铁塔横担挂点角钢	三角联板	—

企业名称	型号规格	主要材质	适用电压等级/kV	额定负荷/kN	上卡挂点	下卡挂点	型式试验报告
西安鑫烁电力科技有限公司	XS – DDK110	铝合金 LC4	110	30	三角联板	三角联板	无
	XS – DDK110	铝合金 LC4	220	80	三角联板	三角联板	无
	XS – DDK220	碳纤维	220	150	三角联板	三角联板	无
	XS – DDK330	铝合金 LC4	330	80	三角联板	三角联板	无
	XS – DDK500	碳纤维	500	150	角钢横担卡	联板卡	无

3 翻板卡

适用电压等级　220～1000kV

用途

用于输电带电作业工作中更换耐张整串绝缘子。

执行标准

GB/T 18037　带电作业工具基本技术要求与设计导则

DL/T 463　带电作业用绝缘子卡具

DL/T 877　带电作业工具、装置和设备使用的一般要求

DL/T 976　带电作业工具、装置和设备预防性试验规程

GB/T 3191　铝及铝合金挤压棒材

GB/T 3077　合金结构钢

GB/T 8753.1　铝及铝合金阳极氧化 氧化膜封孔质量的评定方法　第 1 部分：无硝酸预浸的磷铬酸法

GB/T 8753.2　铝及铝合金阳极氧化 氧化膜封孔质量的评定方法　第 2 部分：硝酸预浸的磷铬酸法

GB/T 14952.3　铝及铝合金阳极氧化 着色阳极氧化膜色差和外观质量检验方法　目视观察法

HB 5035　锌镀层质量检验

HB 5062　钢铁零件化学氧化（发蓝）膜层质量检验

相关标准技术性能要求

1. 卡具额定荷重要求：卡具额定荷重的取值为

$$P = P_0 \times 25\% + 5$$

式中　P——卡具的额定荷重，kN；

　　P_0——适用的绝缘子或金具级别，kN。

2. 外观要求：

（1）卡具各组成部分零件表面应光滑、平整，无毛刺、尖棱、裂纹等缺陷。

（2）卡具与挂点（即卡具定位用的金具）接触面的配合应紧密可靠，非接触面应留有1～2mm间隙，以便于卡具安装或拆卸。

（3）卡具各零件尺寸公差、形状公差、总体尺寸应符合设计图纸要求。

3. 卡具材料的要求：

（1）使用前，应对卡具主体及其他主要受力零件原材料的化学成分、力学性能进行复验，对铝合金材料还应按 DL/T 463 的相关条款进行低倍组织检验。

（2）卡具主体宜采用 LC4 铝合金材料，材料应符合 GB/T 3191 的有关规定。

（3）丝杠与其他主要受力零件，宜采用 40Cr 材料或性能更好的合金钢材料，材料应符合 GB/T 3077 的有关规定。

4. 工艺要求：

（1）卡具主体应采用模锻件或自由锻件毛坯加工成型。产品试制时应对采用的毛坯低倍组织及流线按 DL/T 463 的有关要求检验，合格后将工艺定型，方可批量生产。毛坯热处理后的硬度不小于125。

（2）卡具主体加工成型后，首先进行荧光或超声波探伤，确保卡具主体无裂纹后，再对表面进行阳极氧化处理，氧化膜的质量按 GB/T 8753.1、GB/T 8753.2 和 GB/T 14952.3 的有关规定进行检验。

（3）所有的钢制零件表面应进行镀锌或发蓝处理，镀锌层的质量按 HB 5035 的有关规定进行检验，发蓝质量按 HB 5062 的有关规定进行检验。对于 40Cr、45Mn$_2$ 等易氢脆材料，镀锌处理后应除氢。

5. 型式试验要求：型式试验是对 3 个产品样件进行试验，以证明产品符合设计性能要求。型式试验在外观检验和主要尺寸检验合格后，分别按照卡具额定荷重的 1.5 倍、2.5 倍、3.0 倍进行动荷重试验、静荷重试验、破坏性试验。经过型式试验的样品，不再出厂销售和使用。

6. 出厂试验要求：对出厂产品应逐个进行试验，试验项目包括外观检验、主要尺寸检验、动荷重试验。动荷重试验标准为卡具按实际工作状态布置，在 1.5 倍额定荷重作用下，进行 3 次操作，各零件无变形、损伤，操作灵活可靠，无卡阻者为合格。

7. 标志包装要求：

（1）用压印法或其他方法将卡具标志标刻在易识别的部位，压痕深度应不大于0.1mm。标志内容为卡具型号规格、制造厂名简称或代号、商标、出厂编号（包括生产年、月、批次）。

（2）包装箱内应附有制造厂质量部门的质检合格证及使用说明书。

参考图片及参数

企业名称	型号规格	主要材质	适用电压等级 /kV	额定负荷 /kN	后卡挂点	前卡挂点	型式试验报告
江苏恒安电力工具有限公司	HA – FBK/220	铝合金 LC4	220	40	直角联板	直角联板	无
	HA – FBK/330	铝合金 LC4	330	40	直角联板	直角联板	无
	HA – FBK/500	铝合金 LC4	500	60	直角联板	直角联板	无
汉中群峰机械制造有限公司	NFK215 – 840	钛合金 TC4	±1100	215	直角挂板及螺栓	双联碗头及螺栓	无
	NFK195 – 760	钛合金 TC4	±1100 及以下	195	直角挂板及螺栓	双联碗头及螺栓	无
	NFK145 – 550	钛合金 TC4	1000 及以下	145	直角挂板及螺栓	双联碗头及螺栓	无
	NFK110 – 420	钛合金 TC4	1000 及以下	110	直角挂板及螺栓	平行挂板及螺栓	无
	NFK105 – 400	钛合金 TC4	±800 及以下	105	直角挂板及螺栓	平行挂板及螺栓	无
	NFK80 – 300	钛合金 TC4	±800 及以下	80	直角挂板及螺栓	碗头挂板及螺栓	无
	NFK60 – 210	铝合金 LC4	±660 及以下	60	直角挂板及螺栓	平行挂板及螺栓	无
	NFK45 – 160	铝合金 LC4	500 及以下	45	直角挂板及螺栓	双联碗头及螺栓	无
	NFK35 – 120	铝合金 LC4	330 及以下	35	直角挂板及螺栓	双联碗头及螺栓	无
	NFK30 – 100	铝合金 LC4	330 及以下	30	直角挂板及螺栓	双联碗头及螺栓	无
西安鑫烁电力科技有限公司	XS – FBK220	铝合金 LC4	220	30	直角联板	直角联板	无
	XS – FBK330	铝合金 LC5	330	80	直角联板	直角联板	无
	XS – FBK500	铝合金 LC6	500	110	直角联板	直角联板	无
台州大通	NFK35 – 120	铝合金 LC4	220	35	三角联板	方联板	无
	NFK45 – 160	铝合金 LC4	220	45	三角联板	方联板	无
	NFK60 – 210	铝合金 LC4	550	60	三角联板	方联板	无
	NFK80 – 300	铝合金 LC4	550	80	三角联板	方联板	无

4 弯板卡

适用电压等级 220~500kV

用途

用于输电带电作业工作中更换线路耐张绝缘子串。

执行标准

GB/T 18037 带电作业工具基本技术要求与设计导则

DL/T 463 带电作业用绝缘子卡具

DL/T 877 带电作业工具、装置和设备使用的一般要求

DL/T 976 带电作业工具、装置和设备预防性试验规程

GB/T 3191 铝及铝合金挤压棒材

GB/T 3077 合金结构钢

GB/T 8753.1 铝及铝合金阳极氧化 氧化膜封孔质量的评定方法 第1部分：无硝酸预浸的磷铬酸法

GB/T 8753.2 铝及铝合金阳极氧化 氧化膜封孔质量的评定方法 第2部分：硝酸预浸的磷铬酸法

GB/T 14952.3 铝及铝合金阳极氧化 着色阳极氧化膜色差和外观质量检验方法 目视观察法

HB 5035 锌镀层质量检验

HB 5062 钢铁零件化学氧化（发蓝）膜层质量检验

相关标准技术性能要求

1. 卡具额定荷重要求：卡具额定荷重的取值为

$$P = P_0 \times 25\% + 5$$

式中 P——卡具的额定荷重，kN；

P_0——适用的绝缘子或金具级别，kN。

2. 外观要求：

（1）卡具各组成部分零件表面应光滑、平整，无毛刺、尖棱、裂纹等缺陷。

（2）卡具与挂点（即卡具定位用的金具）的接触面应配合紧密可靠，非接触面应留有1~2mm间隙，以便于卡具安装或拆卸。

（3）卡具各零件尺寸公差、形状公差、总体尺寸应符合设计图纸要求。

3. 卡具材料的要求：

（1）卡具主体及其他主要受力零件所用的原材料，使用前应对其化学成分、力学性能进行复验，对铝合金材料还应按 DL/T 463 的相关条款进行低倍组织检验。

（2）卡具主体宜采用 LC4 铝合金材料，材料应符合 GB/T 3191 的有关规定。

（3）丝杠与其他主要受力零件，宜采用 40Cr 材料或性能更好的合金钢材料，材料应

符合 GB/T 3077 的有关规定。

4. 工艺要求：

（1）卡具主体应采用模锻件或自由锻件毛坯加工成型。产品试制时应对采用的毛坯低倍组织及流线按 DL/T 463 的有关要求检验，合格后将工艺定型，方可批量生产。毛坯热处理后的硬度不小于 125。

（2）卡具主体加工成型后，首先进行荧光或超声波探伤，确保卡具主体无裂纹后，再对表面进行阳极氧化处理，氧化膜的质量按 GB/T 8753.1、GB/T 8753.2 和 GB/T 14952.3 的有关规定进行检验。

（3）所有的钢制零件表面应进行镀锌或发蓝处理，镀锌层的质量按 HB 5035 的有关规定进行检验，发蓝质量按 HB 5062 的有关规定进行检验。对于 40Cr、45Mn$_2$ 等易氢脆材料，镀锌处理后应除氢。

5. 型式试验要求：型式试验是对 3 个产品样件进行试验，以证明产品符合设计性能要求。型式试验在外观检验和主要尺寸检验合格后，分别按照卡具额定荷重的 1.5 倍、2.5 倍、3.0 倍进行动荷重试验、静荷重试验、破坏性试验。经过型式试验的样品，不再出厂销售和使用。

6. 出厂试验要求：对出厂产品应逐个进行试验，试验项目包括外观检验、主要尺寸检验、动荷重试验。动荷重试验标准为卡具按实际工作状态布置，在 1.5 倍额定荷重作用下，进行 3 次操作，各零件无变形、损伤，操作灵活可靠，无卡阻者为合格。

7. 标志包装要求：

（1）用压印法或其他方法将卡具标志标刻在易识别的部位，压痕深度应不大于 0.1mm。标志内容为卡具型号规格、制造厂名简称或代号、商标、出厂编号（包括生产年、月、批次）。

（2）包装箱内应附有制造厂质量部门的质检合格证及使用说明书。

参考图片及参数

企业名称	型号规格	主要材质	适用电压等级 /kV	额定负荷 /kN	后卡挂点	前卡挂点	型式试验报告
台州大通	NWK35	铝合金 LC4	220	35	三角联板	三角联板	有
江苏恒安电力工具有限公司	HA－WBK/220	铝合金 LC4	220	40	方联板	方联板	无
	HA－WBK/330	铝合金 LC4	330	40	方联板	方联板	无
	HA－WBK/500	铝合金 LC4	500	60	方联板	方联板	无

企业名称	型号规格	主要材质	适用电压等级 /kV	额定负荷 /kN	后卡挂点	前卡挂点	型式试验报告
汉中群峰机械制造有限公司	NWK110－420	钛合金 TC4	1000 及以下	110	三角联板	三角联板	无
	NWK105－400	钛合金 TC4	800 及以下	105	三角联板	三角联板	无
	NWK80－300	钛合金 TC4	800 及以下	80	三角联板	三角联板	无
	NWK60－210	铝合金 LC4	±660 及以下	60	三角联板	三角联板	无
	NWK45－160	铝合金 LC4	500 及以下	45	三角联板	三角联板	无
	NWK35－120	铝合金 LC4	330 及以下	35	三角联板	三角联板	无
	NWK30－100	铝合金 LC4	330 及以下	30	三角联板	三角联板	无
西安鑫烁电力科技有限公司	XS－WBK220	铝合金	220	80	方联板	方联板	无
	XS－WBK330	铝合金	330	80	方联板	方联板	无
	XS－WBK500	铝合金	500	110	方联板	方联板	无

5　斜卡

适用电压等级　220～750kV

用途

用于输电带电作业工作中更换直线双串绝缘子。

执行标准

GB/T 18037　带电作业工具基本技术要求与设计导则

DL/T 463　带电作业用绝缘子卡具

DL/T 877　带电作业工具、装置和设备使用的一般要求

DL/T 9765　带电作业工具、装置和设备预防性试验规程

GB/T 3191　铝及铝合金挤压棒材

GB/T 3077　合金结构钢

GB/T 8753.1　铝及铝合金阳极氧化 氧化膜封孔质量的评定方法　第 1 部分：无硝酸预浸的磷铬酸法

GB/T 8753.2　铝及铝合金阳极氧化 氧化膜封孔质量的评定方法　第 2 部分：硝酸预浸的磷铬酸法

GB/T 14952.3　铝及铝合金阳极氧化 着色阳极氧化膜色差和外观质量检验方法　目视观察法

HB 5035　锌镀层质量检验

HB 5062　钢铁零件化学氧化（发蓝）膜层质量检验

相关标准技术性能要求

1. 卡具额定荷重要求：卡具额定荷重的取值为

$$P = P_0 \times 25\% + 5$$

式中　P——卡具的额定荷重，kN；

　　　P_0——适用的绝缘子或金具级别，kN。

2. 外观要求：

（1）卡具各组成部分零件表面应光滑、平整，无毛刺、尖棱、裂纹等缺陷。

（2）卡具与挂点（即卡具定位用的金具）接触面的配合应紧密可靠，非接触面应留有1～2mm 间隙，以便于卡具安装或拆卸。

（3）卡具各零件尺寸公差、形状公差、总体尺寸应符合设计图纸要求。

3. 卡具材料的要求：

（1）使用前，应对卡具主体及其他主要受力零件原材料的化学成分、力学性能进行复验，对铝合金材料还应按 DL/T 463 的相关条款进行低倍组织检验。

（2）卡具主体宜采用 LC4 铝合金材料，材料应符合 GB/T 3191 的有关规定。

（3）丝杠与其他主要受力零件，宜采用 40Cr 材料或性能更好的合金钢材料，材料应符合 GB/T 3077 的有关规定。

4. 工艺要求：

（1）卡具主体应采用模锻件或自由锻件毛坯加工成型。产品试制时应对采用的毛坯低倍组织及流线按 DL/T 463 的有关要求检验，合格后将工艺定型，方可批量生产。毛坯热处理后的硬度不小于 125。

（2）卡具主体加工成型后，首先进行荧光或超声波探伤，确保卡具主体无裂纹后，再对表面进行阳极氧化处理，氧化膜的质量按 GB/T 8753.1、GB/T 8753.2 和 GB/T 14952.3 的有关规定进行检验。

（3）所有的钢制零件表面应进行镀锌或发蓝处理，镀锌层的质量按 HB 5035 的有关规定进行检验，发蓝质量按 HB 5062 的有关规定进行检验。对于 40Cr、$45Mn_2$ 等易氢脆材料，镀锌处理后应除氢。

5. 型式试验要求：型式试验是对 3 个产品样件进行试验，以证明产品符合设计性能要求。型式试验在外观检验和主要尺寸检验合格后，分别按照卡具额定荷重的 1.5 倍、2.5 倍、3.0 倍进行动荷重试验、静荷重试验、破坏性试验。经过型式试验的样品，不再出厂销售和使用。

6. 出厂试验要求：对出厂产品应逐个进行试验，试验项目包括外观检验、主要尺寸检验、动荷重试验。动荷重试验标准为卡具按实际工作状态布置，在 1.5 倍额定荷重作用下，进行 3 次操作，各零件无变形、损伤，操作灵活可靠，无卡阻者为合格。

7. 标志包装要求：

（1）用压印法或其他方法将卡具标志标刻在易识别的部位，压痕深度应不大于0.1mm。标志内容为卡具型号规格、制造厂名简称或代号、商标、出厂编号（包括生产年、月、批次）。

（2）包装箱内应附有制造厂质量部门的质检合格证及使用说明书。

参考图片及参数

企业名称	型号规格	主要材质	适用电压等级/kV	额定负荷/kN	上卡挂点	下卡挂点	型式试验报告
江苏恒安电力工具有限公司	HA－XK/220	铝合金 LC4	220	40	三角联板	三角联板	无
	HA－XK/330	铝合金 LC4	330	40	三角联板	三角联板	无
汉中群峰机械制造有限公司	ZXK110－420	钛合金 TC4	1000 及以下	110	横担角钢	双联碗头及螺栓	无
	ZXK80－300	钛合金 TC4	±800 及以下	80	横担角钢	双联碗头及螺栓	无
	ZXK60－210	铝合金 LC4	±660 及以下	60	横担角钢	双联碗头及螺栓	无
	ZXK45－160	铝合金 LC4	500 及以下	45	横担角钢	双联碗头及螺栓	无
	ZXK35－120	铝合金 LC4	330 及以下	35	横担角钢	双联碗头及螺栓	无
西安鑫烁电力科技有限公司	XS－XK220	铝合金	220	80	球形挂环	U 型环	无
	XS－XK330	铝合金	330	80	球形挂环	U 型环	无
台州大通	YXK18	铝合金 LC4	110	30	碗头螺钉	挂板螺钉	无

6　直线卡

适用电压等级　110～1000kV

用途

用于输电带电作业工作中更换直线单串、双串绝缘子。

执行标准

GB/T 18037 带电作业工具基本技术要求与设计导则

DL/T 463 带电作业用绝缘子卡具

DL/T 877 带电作业工具、装置和设备使用的一般要求

DL/T 976 带电作业工具、装置和设备预防性试验规程

GB/T 3191 铝及铝合金挤压棒材

GB/T 3077 合金结构钢

GB/T 8753.1 铝及铝合金阳极氧化 氧化膜封孔质量的评定方法 第1部分：无硝酸预浸的磷铬酸法

GB/T 8753.2 铝及铝合金阳极氧化 氧化膜封孔质量的评定方法 第2部分：硝酸预浸的磷铬酸法

GB/T 14952.3 铝及铝合金阳极氧化 着色阳极氧化膜色差和外观质量检验方法 目视观察法

HB 5035 锌镀层质量检验

HB 5062 钢铁零件化学氧化（发蓝）膜层质量检验

相关标准技术性能要求

1. 卡具额定荷重要求：卡具额定荷重的取值为

$$P = P_0 \times 25\% + 5$$

式中 P——卡具的额定荷重，kN；

P_0——适用的绝缘子或金具级别，kN。

2. 外观要求：

（1）卡具各组成部分零件表面应光滑、平整，无毛刺、尖棱、裂纹等缺陷。

（2）卡具与挂点（即卡具定位用的金具）接触面的配合应紧密可靠，非接触面应留有1～2mm间隙，以便于卡具安装或拆卸。

（3）卡具各零件尺寸公差、形状公差、总体尺寸应符合设计图纸要求。

3. 卡具材料的要求：

（1）使用前，应对卡具主体及其他主要受力零件原材料的化学成分、力学性能进行复验，对铝合金材料还应按DL/T 463的相关条款进行低倍组织检验。

（2）卡具主体宜采用LC4铝合金材料，材料应符合GB/T 3191的有关规定。

（3）丝杠与其他主要受力零件，宜采用40Cr材料或性能更好的合金钢材料，材料应符合GB/T 3077的有关规定。

4. 工艺要求：

（1）卡具主体应采用模锻件或自由锻件毛坯加工成型。产品试制时应对采用的毛坯低倍组织及流线按DL/T 463的有关要求检验，合格后将工艺定型，方可批量生产。毛坯热处理后的硬度不小于125。

（2）卡具主体加工成型后，首先进行荧光或超声波探伤，确保卡具主体无裂纹后，再

对表面进行阳极氧化处理，氧化膜的质量按 GB/T 8753.1、GB/T 8753.2 和 GB/T 14952.3 的有关规定进行检验。

（3）所有的钢制零件表面应进行镀锌或发蓝处理，镀锌层的质量按 HB 5035 的有关规定进行检验，发蓝质量按 HB 5062 的有关规定进行检验。对于 40Cr、45Mn$_2$ 等易氢脆材料，镀锌处理后应除氢。

5. 型式试验要求：型式试验是对 3 个产品样件进行试验，以证明产品符合设计性能要求。型式试验在外观检验和主要尺寸检验合格后，分别按照卡具额定荷重的 1.5 倍、2.5 倍、3.0 倍进行动荷重试验、静荷重试验、破坏性试验。经过型式试验的样品，不再出厂销售和使用。

6. 出厂试验要求：对出厂产品应逐个进行试验，试验项目包括外观检验、主要尺寸检验、动荷重试验。动荷重试验标准为卡具按实际工作状态布置，在 1.5 倍额定荷重作用下，进行 3 次操作，各零件无变形、损伤，操作灵活可靠，无卡阻者为合格。

7. 标志包装要求：

（1）用压印法或其他方法将卡具标志标刻在易识别的部位，压痕深度应不大于 0.1mm。标志内容为卡具型号规格、制造厂名简称或代号、商标、出厂编号（包括生产年、月、批次）。

（2）包装箱内应附有制造厂质量部门的质检合格证及使用说明书。

参考图片及参数

企业名称	型号规格	主要材质	适用电压等级/kV	额定负荷/kN	上卡挂点	下卡挂点	型式试验报告
台州大通	ZGK20-Ⅲ	—	220	20	横担角钢	钩导线	有
	ZGK20-Ⅳ	—	220	20	横担角钢	钩导线	有
江苏恒安电力工具有限公司	HA-ZXK/220	铝合金 LC4	220	40	横担	导线	无
汉中群峰机械制造有限公司	ZGK60-210	铝合金 LC4	500 及以下	60	横担挂点角钢	方联板	无
	ZGK45-160	铝合金 LC4	500 及以下	45	横担挂点角钢	方联板	无
	ZGK35-120	铝合金 LC4	220 及以下	35	横担挂点角钢	方联板	无

续表

企业名称	型号规格	主要材质	适用电压等级/kV	额定负荷/kN	上卡挂点	下卡挂点	型式试验报告
西安鑫烁电力科技有限公司	XS－ZXK110	铝合金 LC4	110	20	角钢横担卡	提线钩	无
	XS－ZXK220	铝合金 LC4	220	40	角钢横担卡	提线钩	无
	XS－ZXK330	铝合金 LC4	330	40	角钢横担卡	提线钩	无
	XS－ZXK500－1	铝合金 LC4	500	50	角钢横担卡	方联板	无
	XS－ZXK500－2	铝合金 LC4	±500	60	角钢横担卡	方联板	无
	XS－ZXK660	铝合金 LC4	±660	70	角钢横担卡	方联板	无
	XS－ZXK750	铝合金 LC4	750	70	角钢横担卡	方联板	无
	XS－ZXK800	铝合金 LC4	±800	120	角钢横担卡	方联板	无
	XS－ZXK1000	铝合金 LC4	1000	120	角钢横担卡	方联板	无

7　V 型串卡

适用电压等级　110～1000kV

用途

1. 用于输电带电作业工作中更换 V 型整串绝缘子。
2. 与闭式卡配套使用更换 V 型整串横担端或导线端第一片绝缘子。

执行标准

GB/T 18037　带电作业工具基本技术要求与设计导则

DL/T 463　带电作业用绝缘子卡具

DL/T 877　带电作业工具、装置和设备使用的一般要求

DL/T 976　带电作业工具、装置和设备预防性试验规程

GB/T 3191　铝及铝合金挤压棒材

GB/T 3077　合金结构钢

GB/T 8753.1　铝及铝合金阳极氧化　氧化膜封孔质量的评定方法　第 1 部分：无硝酸预浸的磷铬酸法

GB/T 8753.2　铝及铝合金阳极氧化　氧化膜封孔质量的评定方法　第 2 部分：硝酸预浸的磷铬酸法

GB/T 14952.3　铝及铝合金阳极氧化　着色阳极氧化膜色差和外观质量检验方法　目视观察法

HB 5035　锌镀层质量检验

HB 5062　钢铁零件化学氧化（发蓝）膜层质量检验

相关标准技术性能要求

．．．．．．．．．．．．．．．．．．．．．

1. 卡具额定荷重要求：卡具额定荷重的取值为

$$P = P_0 \times 25\% + 5$$

式中　P——卡具的额定荷重，kN；

　　P_0——适用的绝缘子或金具级别，kN。

2. 外观要求：

（1）卡具各组成部分零件表面应光滑、平整，无毛刺、尖棱、裂纹等缺陷。

（2）卡具与挂点（即卡具定位用的金具）接触面的配合应紧密可靠，非接触面应留有1～2mm间隙，以便于卡具安装或拆卸。

（3）卡具各零件尺寸公差、形状公差、总体尺寸应符合设计图纸要求。

3. 卡具材料的要求：

（1）使用前，应对卡具主体及其他主要受力零件原材料的化学成分、力学性能进行复验，对铝合金材料还应按 DL/T 463 的相关条款进行低倍组织检验。

（2）卡具主体宜采用 LC4 铝合金材料，材料应符合 GB/T 3191 的有关规定。

（3）丝杠与其他主要受力零件，宜采用 40Cr 材料或性能更好的合金钢材料，材料应符合 GB/T 3077 的有关规定。

4. 工艺要求：

（1）卡具主体应采用模锻件或自由锻件毛坯加工成型。毛坯锻打时应保证锻件低倍组织及流线。产品试制时应对采用的毛坯低倍组织及流线按 DL/T 463 的有关要求检验，合格后将工艺定型，方可批量生产。毛坯热处理后的硬度不小于 125。

（2）卡具主体加工成型后，首先进行荧光或超声波探伤，确保卡具主体无裂纹后，再对表面进行阳极氧化处理，氧化膜的质量按 GB/T 8753.1、GB/T 8753.2 和 GB/T 14952.3 的有关规定进行检验。

（3）所有的钢制零件表面应进行镀锌或发蓝处理，镀锌层的质量按 HB 5035 的有关规定进行检验，发蓝质量按 HB 5062 的有关规定进行检验。对于 40Cr、45Mn$_2$ 等易氢脆材料，镀锌处理后应除氢。

5. 型式试验要求：型式试验是对 3 个产品样件进行试验，以证明产品符合设计性能要求。型式试验在外观检验和主要尺寸检验合格后，分别按照卡具额定荷重的 1.5 倍、2.5 倍、3.0 倍进行动荷重试验、静荷重试验、破坏性试验。经过型式试验的样品，不再出厂销售和使用。

6. 出厂试验要求：对出厂产品应逐个进行试验，试验项目包括外观检验、主要尺寸检验、动荷重试验。动荷重试验标准为卡具按实际工作状态布置，在 1.5 倍额定荷重作用下，进行 3 次操作，各零件无变形、损伤，操作灵活可靠，无卡阻者为合格。

7. 标志包装要求：

（1）用压印法或其他方法将卡具标志标刻在易识别的部位，压痕深度应不大于0.1mm。标志内容为卡具型号规格、制造厂名简称或代号、商标、出厂编号（包括生产年、月、批次）。

（2）包装箱内应附有制造厂质量部门的质检合格证及使用说明书。

企业名称	型号规格	主要材质	适用电压等级/kV	额定负荷/kN	上卡挂点	下卡挂点	型式试验报告
江苏恒安电力工具有限公司	HA－VXCK/110	铝合金 LC4	110	30	横担	导线	无
	HA－VXCK/220	铝合金 LC4	220	40	横担	导线	无
	HA－VXCK/330	铝合金 LC4	330	40	横担	导线	无
汉中群峰机械制造有限公司	ZVK145－550	钛合金 TC4	±800 及以下	145	铁塔横担挂点角钢	梯形联板及 U 型环	无
	ZVK110－420	钛合金 TC4	500 及以下	110	铁塔横担挂点角钢	梯形联板及 U 型环	无
	ZVK80－300	钛合金 TC4	500 及以下	80	铁塔横担挂点角钢	梯形联板及 U 型环	无
	ZVK60－210	铝合金 LC4	500 及以下	60	铁塔横担挂点角钢	梯形联板及 U 型环	无
	ZVK45－160	铝合金 LC4	500 及以下	45	U 型环	双联碗头及螺栓	无
西安鑫烁电力科技有限公司	XS－CK－V110	铝合金 LC4	110	30	横担	导线	无
	XS－CK－V220	铝合金 LC4	220	40	横担	导线	无
	XS－CK－V330	铝合金 LC4	330	40	横担	导线	无

8　托板卡

适用电压等级　220～1000kV

用途

用于输电带电作业工作中更换直线整串绝缘子。

执行标准

GB/T 18037　带电作业工具基本技术要求与设计导则

DL/T 463　带电作业用绝缘子卡具

DL/T 877　带电作业工具、装置和设备使用的一般要求

DL/T 976　带电作业工具、装置和设备预防性试验规程

GB/T 3191　铝及铝合金挤压棒材

GB/T 3077　合金结构钢

GB/T 8753.1　铝及铝合金阳极氧化 氧化膜封孔质量的评定方法　第 1 部分：无硝酸预浸的磷铬酸法

GB/T 8753.2　铝及铝合金阳极氧化 氧化膜封孔质量的评定方法　第 2 部分：硝酸预浸的磷铬酸法

GB/T 14952.3　铝及铝合金阳极氧化 着色阳极氧化膜色差和外观质量检验方法　目视观察法

HB 5035　锌镀层质量检验

HB 5062　钢铁零件化学氧化（发蓝）膜层质量检验

相关标准技术性能要求 ·····································

1. 卡具额定荷重要求：卡具额定荷重的取值为

$$P = P_0 \times 25\% + 5$$

式中　P——卡具的额定荷重，kN；

P_0——适用的绝缘子或金具级别，kN。

2. 外观要求：

(1) 卡具各组成部分零件表面应光滑、平整，无毛刺、尖棱、裂纹等缺陷。

(2) 卡具与挂点（即卡具定位用的金具）接触面的配合应紧密可靠，非接触面应留有 1～2mm 间隙，以便于卡具安装或拆卸。

(3) 卡具各零件尺寸公差、形状公差、总体尺寸应符合设计图纸要求。

3. 卡具材料的要求：

(1) 使用前，应对卡具主体及其他主要受力零件所用的原材料的化学成分、力学性能进行复验，对铝合金材料还应按 DL/T 463 的相关条款进行低倍组织检验。

(2) 卡具主体宜采用 LC4 铝合金材料，材料应符合 GB/T 3191 的有关规定。

(3) 丝杠与其他主要受力零件，宜采用 40Cr 材料或性能更好的合金钢材料，材料应符合 GB/T 3077 的有关规定。

4. 工艺要求：

(1) 卡具主体应采用模锻件或自由锻件毛坯加工成型。毛坯锻打时应保证锻件低倍组织及流线。产品试制时应对采用的毛坯低倍组织及流线按 DL/T 463 的有关要求检验，合格后将工艺定型，方可批量生产。毛坯热处理后的硬度不小于 125。

(2) 卡具主体加工成型后，首先进行荧光或超声波探伤，确保卡具主体无裂纹后，再对表面进行阳极氧化处理，氧化膜的质量按 GB/T 8753.1、GB/T 8753.2 和 GB/T 14952.3 的有关规定进行检验。

(3) 所有的钢制零件表面应进行镀锌或发蓝处理，镀锌层的质量按 HB 5035 的有关规定进行检验，发蓝质量按 HB 5062 的有关规定进行检验。对于 40Cr、$45Mn_2$ 等易氢脆材料，镀锌处理后应除氢。

5. 型式试验要求：型式试验是对 3 个产品样件进行试验，以证明产品符合设计性能要求。型式试验在外观检验和主要尺寸检验合格后，分别按照卡具额定荷重的 1.5 倍、2.5 倍、3.0 倍进行动荷重试验、静荷重试验、破坏性试验。经过型式试验的样品，不再出厂销售和使用。

6. 出厂试验要求：对出厂产品应逐个进行试验，试验项目包括外观检验、主要尺寸检验、动荷重试验。动荷重试验标准为卡具按实际工作状态布置，在 1.5 倍额定荷重作用下，进行 3 次操作，各零件无变形、损伤，操作灵活可靠，无卡阻者为合格。

7. 标志包装要求：

（1）用压印法或其他方法将卡具标志标刻在易识别的部位，压痕深度应不大于 0.1mm。标志内容为卡具型号规格、制造厂名简称或代号、商标、出厂编号（包括生产年、月、批次）。

（2）包装箱内应附有制造厂质量部门的质检合格证及使用说明书。

参考图片及参数

企业名称	型号规格	主要材质	适用电压等级/kV	额定负荷/kN	上卡挂点	下卡挂点	型式试验报告
江苏恒安电力工具有限公司	HA－TBK/220	铝合金 LC4	220	40	角钢横担卡	提线钩	无
	HA－TBK/330	铝合金 LC4	330	40	角钢横担卡	提线钩	无
汉中群峰机械制造有限公司	ZTK60－210	铝合金 LC4	500 及以下	60	铁塔横担挂点角钢	上抗联板	无
	ZTK45－160	铝合金 LC4	500 及以下	45	铁塔横担挂点角钢	上抗联板	无
	ZTK35－120	铝合金 LC4	330 及以下	35	铁塔横担挂点角钢	梯形联板	无
西安鑫烁电力科技有限公司	XS－TBK220	铝合金	220	40	角钢横担卡	提线钩	无
	XS－TBK330	铝合金	330	40	角钢横担卡	提线钩	无
	XS－TBK500－1	铝合金	500	50	角钢横担卡	方联板	无
	XS－TBK500－2	铝合金	±500	60	角钢横担卡	方联板	无
	XS－TBK660	铝合金	±660	70	角钢横担卡	方联板	无
	XS－TBK750	铝合金	750	70	角钢横担卡	方联板	无
	XS－TBK800	铝合金	±800	120	角钢横担卡	方联板	无
	XS－TBK1000	铝合金	±1000	120	角钢横担卡	方联板	无
台州大通	ZTK30－1	铝合金 LC4	220	30	横担角钢	钩联板	无

9 钩板卡

适用电压等级 220kV

用途

用于输电带电作业工作中对 220kV 及以下水平双分裂线路间接更换悬式绝缘子。

执行标准

GB/T 18037 带电作业工具基本技术要求与设计导则

DL/T 463 带电作业用绝缘子卡具

DL/T 877 带电作业工具、装置和设备使用的一般要求

DL/T 976 带电作业工具、装置和设备预防性试验规程

GB/T 3191 铝及铝合金挤压棒材

GB/T 3077 合金结构钢

GB/T 8753.1 铝及铝合金阳极氧化 氧化膜封孔质量的评定方法 第 1 部分：无硝酸预浸的磷铬酸法

GB/T 8753.2 铝及铝合金阳极氧化 氧化膜封孔质量的评定方法 第 2 部分：硝酸预浸的磷铬酸法

GB/T 14952.3 铝及铝合金阳极氧化 着色阳极氧化膜色差和外观质量检验方法 目视观察法

HB 5035 锌镀层质量检验

HB 5062 钢铁零件化学氧化（发蓝）膜层质量检验

相关标准技术性能要求

1. 卡具额定荷重要求：卡具额定荷重的取值为

$$P = P_0 \times 25\% + 5$$

式中　P——卡具的额定荷重，kN；

　　P_0——适用的绝缘子或金具级别，kN。

2. 外观要求：

（1）卡具各组成部分零件表面应光滑、平整，无毛刺、尖棱、裂纹等缺陷。

（2）卡具与挂点（即卡具定位用的金具）接触面的配合应紧密可靠，非接触面应留有 1～2mm 间隙，以便于卡具安装或拆卸。

（3）卡具各零件尺寸公差、形状公差、总体尺寸应符合设计图纸要求。

3. 卡具材料的要求：

（1）使用前，应对卡具主体及其他主要受力零件所用的原材料的化学成分、力学性能进行复验，对铝合金材料还应按 DL/T 463 的相关条款进行低倍组织检验。

（2）卡具主体宜采用 LC4 铝合金材料，材料应符合 GB/T 3191 的有关规定。

（3）丝杠与其他主要受力零件，宜采用 40Cr 材料或性能更好的合金钢材料，材料应符合 GB/T 3077 的有关规定。

4．工艺要求：

（1）卡具主体应采用模锻件或自由锻件毛坯加工成型。毛坯锻打时应保证锻件低倍组织及流线。产品试制时应对采用的毛坯低倍组织及流线按 DL/T 463 的有关要求检验，合格后将工艺定型，方可批量生产。毛坯热处理后的硬度不小于 125。

（2）卡具主体加工成型后，首先进行荧光或超声波探伤，确保卡具主体无裂纹后，再对表面进行阳极氧化处理，氧化膜的质量按 GB/T 8753.1、GB/T 8753.2 和 GB/T 14952.3 的有关规定进行检验。

（3）所有的钢制零件表面应进行镀锌或发蓝处理，镀锌层的质量按 HB 5035 的有关规定进行检验，发蓝质量按 HB 5062 的有关规定进行检验。对于 40Cr、$45Mn_2$ 等易氢脆材料，镀锌处理后应除氢。

5．型式试验要求：型式试验是对 3 个产品样件进行试验，以证明产品符合设计性能要求。型式试验在外观检验和主要尺寸检验合格后，分别按照卡具额定荷重的 1.5 倍、2.5 倍、3.0 倍进行动荷重试验、静荷重试验、破坏性试验。经过型式试验的样品，不再出厂销售和使用。

6．出厂试验要求：对出厂产品应逐个进行试验，试验项目包括外观检验、主要尺寸检验、动荷重试验。动荷重试验标准为卡具按实际工作状态布置，在 1.5 倍额定荷重作用下，进行 3 次操作，各零件无变形、损伤，操作灵活可靠，无卡阻者为合格。

7．标志包装要求：

（1）用压印法或其他方法将卡具标志应标刻在易识别的部位，压痕深度应不大于 0.1mm。标志内容为卡具型号规格、制造厂名简称或代号、商标、出厂编号（包括生产年、月、批次）。

（2）包装箱内应附有制造厂质量部门的质检合格证及使用说明书。

参考图片及参数

10　花型卡

适用电压等级　　220～330kV

用途

用于输电带电作业工作中等电位更换耐张绝缘子串。

执行标准

GB/T 18037　带电作业工具基本技术要求与设计导则

DL/T 463　带电作业用绝缘子卡具

DL/T 877　带电作业工具、装置和设备使用的一般要求

DL/T 976　带电作业工具、装置和设备预防性试验规程

GB/T 3191　铝及铝合金挤压棒材

GB/T 3077　合金结构钢

GB/T 8753.1　铝及铝合金阳极氧化 氧化膜封孔质量的评定方法　第 1 部分：无硝酸预浸的磷铬酸法

GB/T 8753.2　铝及铝合金阳极氧化 氧化膜封孔质量的评定方法　第 2 部分：硝酸预浸的磷铬酸法

GB/T 14952.3　铝及铝合金阳极氧化 着色阳极氧化膜色差和外观质量检验方法　目视观察法

HB 5035　锌镀层质量检验

HB 5062　钢铁零件化学氧化（发蓝）膜层质量检验

相关标准技术性能要求

1. 卡具额定荷重要求：卡具额定荷重的取值为

$$P = P_0 \times 25\% + 5$$

式中　P——卡具的额定荷重，kN；

　　　P_0——适用的绝缘子或金具级别，kN。

2. 外观要求：

（1）卡具各组成部分零件表面应光滑、平整，无毛刺、尖棱、裂纹等缺陷。

（2）卡具与挂点（即卡具定位用的金具）接触面的配合应紧密可靠，非接触面应留有 1～2mm 间隙，以便于卡具安装或拆卸。

（3）卡具各零件尺寸公差、形状公差、总体尺寸应符合设计图纸要求。

3. 卡具材料的要求：

（1）使用前，应对卡具主体及其他主要受力零件原材料的化学成分、力学性能进行复验，对铝合金材料还应按 DL/T 463 的相关条款进行低倍组织检验。

（2）卡具主体宜采用 LC4 铝合金材料，材料应符合 GB/T 3191 的有关规定。

（3）丝杠与其他主要受力零件，宜采用 40Cr 材料或性能更好的合金钢材料，材料应符合 GB/T 3077 的有关规定。

4. 工艺要求：

（1）卡具主体应采用模锻件或自由锻件毛坯加工成型。产品试制时应对采用的毛坯低倍组织及流线按 DL/T 463 的有关要求检验，合格后将工艺定型，方可批量生产。毛坯热处理后的硬度不小于 125。

（2）卡具主体加工成型后，首先进行荧光或超声波探伤，确保卡具主体无裂纹后，再对表面进行阳极氧化处理，氧化膜的质量按 GB/T 8753.1、GB/T 8753.2 和 GB/T

14952.3 的有关规定进行检验。

（3）所有的钢制零件表面应进行镀锌或发蓝处理，镀锌层的质量按 HB 5035 的有关规定进行检验，发蓝质量按 HB 5062 的有关规定进行检验。对于 40Cr、45Mn$_2$ 等易氢脆材料，镀锌处理后应除氢。

5. 型式试验要求：型式试验是对 3 个产品样件进行试验，以证明产品符合设计性能要求。型式试验在外观检验和主要尺寸检验合格后，分别按照卡具额定荷重的 1.5 倍、2.5 倍、3.0 倍进行动荷重试验、静荷重试验、破坏性试验。经过型式试验的样品，不再出厂销售和使用。

6. 出厂试验要求：对出厂产品应逐个进行试验，试验项目包括外观检验、主要尺寸检验、动荷重试验。动荷重试验标准为卡具按实际工作状态布置，在 1.5 倍额定荷重作用下，进行 3 次操作，各零件无变形、损伤，操作灵活可靠，无卡阻者为合格。

7. 标志包装要求：

（1）用压印法或其他方法将卡具标志标刻在易识别的部位，压痕深度应不大于 0.1mm。标志内容为卡具型号规格、制造厂名简称或代号、商标、出厂编号（包括生产年、月、批次）。

（2）包装箱内应附有制造厂质量部门的质检合格证及使用说明书。

参考图片及参数

企业名称	型号规格	主要材质	适用电压等级 /kV	额定负荷 /kN	上卡挂点	下卡挂点	型式试验报告
江苏恒安电力工具有限公司	HA－HXK/220	铝合金 LC4	220	40	三角联板	三角联板	无
	HA－HXK/330	铝合金 LC4	330	40	三角联板	三角联板	无
汉中群峰机械制造有限公司	ZHK110－420	钛合金 TC4	500 及以下	110	联板	联板	无
	ZHK80－300	钛合金 TC4	500 及以下	80	联板	联板	无
	ZHK60－210	铝合金 LC4	500 及以下	60	联板	联板	无
	ZHK45－160	铝合金 LC4	500 及以下	45	联板	联板	无
	ZHK35－120	铝合金 LC4	500 及以下	35	联板	联板	无
	ZHK30－100	铝合金 LC4	500 及以下	30	联板	联板	无
西安鑫烁电力科技有限公司	XS－HXK35	铝合金 LC4	220	35	三角联板	三角联板	无
	XS－HXK50	铝合金 LC4	330	50	三角联板	三角联板	无
台州大通	SIIK－35	铝合金 LC4	220	35	三角联板	三角联板	无

11 端部卡

适用电压等级 220~1000kV

用途

用于输电带电作业工作，与闭式卡配套使用更换绝缘子串横担端或导线端第一片绝缘子。

执行标准

GB/T 18037　带电作业工具基本技术要求与设计导则

DL/T 463　带电作业用绝缘子卡具

DL/T 877　带电作业工具、装置和设备使用的一般要求

DL/T 976　带电作业工具、装置和设备预防性试验规程

GB/T 3191　铝及铝合金挤压棒材

GB/T 3077　合金结构钢

GB/T 8753.1　铝及铝合金阳极氧化 氧化膜封孔质量的评定方法　第1部分：无硝酸预浸的磷铬酸法

GB/T 8753.2　铝及铝合金阳极氧化 氧化膜封孔质量的评定方法　第2部分：硝酸预浸的磷铬酸法

GB/T 14952.3　铝及铝合金阳极氧化 着色阳极氧化膜色差和外观质量检验方法　目视观察法

HB 5035　锌镀层质量检验

HB 5062　钢铁零件化学氧化（发蓝）膜层质量检验

相关标准技术性能要求

1. 卡具额定荷重要求：卡具额定荷重的取值为

$$P = P_0 \times 25\% + 5$$

式中　P——卡具的额定荷重，kN；

　　　P_0——适用的绝缘子或金具级别，kN。

2. 外观要求：

（1）卡具各组成部分零件表面应光滑、平整，无毛刺、尖棱、裂纹等缺陷。

（2）卡具与挂点（即卡具定位用的金具）接触面的配合应紧密可靠，非接触面应留有1~2mm间隙，以便于卡具安装或拆卸。

（3）卡具各零件尺寸公差、形状公差、总体尺寸应符合设计图纸要求。

3. 卡具材料的要求：

（1）使用前，应对卡具主体及其他主要受力零件原材料的化学成分、力学性能进行复验，对铝合金材料还应按 DL/T 463 的相关条款进行低倍组织检验。

（2）卡具主体宜采用 LC4 铝合金材料，材料应符合 GB/T 3191 的有关规定。

（3）丝杠与其他主要受力零件，宜采用 40Cr 材料或性能更好的合金钢材料，材料应符合 GB/T 3077 的有关规定。

4. 工艺要求：

（1）卡具主体应采用模锻件或自由锻件毛坯加工成型。产品试制时应对采用的毛坯低倍组织及流线按 DL/T 463 的有关要求检验，合格后将工艺定型，方可批量生产。毛坯热处理后的硬度不小于 125。

（2）卡具主体加工成型后，首先进行荧光或超声波探伤，确保卡具主体无裂纹后，再对表面进行阳极氧化处理，氧化膜的质量按 GB/T 8753.1、GB/T 8753.2 和 GB/T 14952.3 的有关规定进行检验。

（3）所有的钢制零件表面应进行镀锌或发蓝处理，镀锌层的质量按 HB 5035 的有关规定进行检验，发蓝质量按 HB 5062 的有关规定进行检验。对于 40Cr、$45Mn_2$ 等易氢脆材料，镀锌处理后应除氢。

5. 型式试验要求：型式试验是对 3 个产品样件进行试验，以证明产品符合设计性能要求。型式试验在外观检验和主要尺寸检验合格后，分别按照卡具额定荷重的 1.5 倍、2.5 倍、3.0 倍进行动荷重试验、静荷重试验、破坏性试验。经过型式试验的样品，不再出厂销售和使用。

6. 出厂试验要求：对出厂产品应逐个进行试验，试验项目包括外观检验、主要尺寸检验、动荷重试验。动荷重试验标准为卡具按实际工作状态布置，在 1.5 倍额定荷重作用下，进行 3 次操作，各零件无变形、损伤，操作灵活可靠，无卡阻者为合格。

7. 标志包装要求：

（1）用压印法或其他方法将卡具标志标刻在易识别的部位，压痕深度应不大于 0.1mm。标志内容为卡具型号规格、制造厂名简称或代号、商标、出厂编号（包括生产年、月、批次）。

（2）包装箱内应附有制造厂质量部门的质检合格证及使用说明书。

参考图片及参数

企业名称	型号规格	主要材质	适用电压等级 /kV	额定负荷 /kN	后卡挂点	前卡挂点	型式试验报告
江苏恒安电力工具有限公司	HA－DBK/220	铝合金 LC4	220	40	调整牵引板	联板	无
	HA－DBK/330	铝合金 LC4	330	40	调整牵引板	联板	无

企业名称	型号规格	主要材质	适用电压等级 /kV	额定负荷 /kN	后卡挂点	前卡挂点	型式试验报告
汉中群峰机械制造有限公司	DDK215－840	钛合金 TC4	±1100	215	直角挂板及螺栓	双联碗头及螺栓	无
	DDK195－760	钛合金 TC4	±1100 及以下	195	牵引板	平行挂板及螺栓	无
	DDK145－550	钛合金 TC4	±1100 及以下	145	直角挂板及螺栓	碗头挂板及螺栓	无
	DDK140－530	钛合金 TC4	1000 及以下	140	牵引板	平行挂板及螺栓	无
	DDK110－420	钛合金 TC4	1000 及以下	110	牵引板	平行挂板及螺栓	无
	DDK105－400	钛合金 TC4	±800 及以下	100	牵引板	双联碗头及螺栓	无
	DDK80－300	钛合金 TC4	750 及以下	80	牵引板	双联碗头及螺栓	无
	DDK60－210	铝合金 LC4	750 及以下	60	牵引板	双联碗头及螺栓	无
	DDK45－160	铝合金 LC4	500 及以下	45	牵引板	双联碗头及螺栓	无
	DDK35－120	铝合金 LC4	500 及以下	35	牵引板	梯形联板	无
	DDK30－100	铝合金 LC4	500 及以下	30	牵引板	梯形联板	无
西安鑫烁电力科技有限公司	XS－DBK220	铝合金 LC4	220	90	牵引调整板	瓷瓶	无
	XS－DBK330	铝合金 LC4	330	90	牵引调整板	瓷瓶	无
	XS－DBK500－1	铝合金 LC4	500	120	牵引调整板	瓷瓶	无
	XS－DBK500－2	铝合金 LC4	±500	120	牵引调整板	瓷瓶	无
	XS－DBK660	铝合金 LC4	±660	150	牵引调整板	瓷瓶	无
	XS－DBK750	铝合金 LC4	750	150	牵引调整板	瓷瓶	无
	XS－DBK800	铝合金 LC4	±800	160	牵引调整板	瓷瓶	无
	XS－DBK1000	铝合金 LC4	1000	160	牵引调整板	瓷瓶	无
台州大通	DDK30	—	220	30	直角挂板	双联碗头	无
	DDK45	—	220	45	直角挂板	双联碗头	有
	DDK60	—	220	60	牵引板	垂直联板	无
	DDK80	—	550	80	牵引板	垂直联板	有
	DDK110	—	550	110	牵引板	垂直联板	有
	DDK145	—	550	145	牵引板	垂直联板	无

12　闭式卡

适用电压等级　110～1000kV

用途

用于输电线路带电作业工作中等电位更换单片耐张绝缘子。

执行标准

GB/T 18037　带电作业工具基本技术要求与设计导则

DL/T 463　带电作业用绝缘子卡具

DL/T 877　带电作业工具、装置和设备使用的一般要求

DL/T 976　带电作业工具、装置和设备预防性试验规程

GB/T 3191　铝及铝合金挤压棒材

GB/T 3077　合金结构钢

GB/T 8753.1　铝及铝合金阳极氧化 氧化膜封孔质量的评定方法　第 1 部分：无硝酸预浸的磷铬酸法

GB/T 8753.2　铝及铝合金阳极氧化 氧化膜封孔质量的评定方法　第 2 部分：硝酸预浸的磷铬酸法

GB/T 14952.3　铝及铝合金阳极氧化 着色阳极氧化膜色差和外观质量检验方法　目视观察法

HB 5035　锌镀层质量检验

HB 5062　钢铁零件化学氧化（发蓝）膜层质量检验

相关标准技术性能要求

1. 卡具额定荷重要求：卡具额定荷重的取值为

$$P = P_0 \times 25\% + 5$$

式中　P——卡具的额定荷重，kN；

　　P_0——适用的绝缘子或金具级别，kN。

2. 外观要求：

（1）卡具各组成部分零件表面应光滑、平整，无毛刺、尖棱、裂纹等缺陷。

（2）卡具与挂点（即卡具定位用的金具）接触面的配合应紧密可靠，非接触面应留有 1～2mm 间隙，以便于卡具安装或拆卸。

（3）卡具各零件尺寸公差、形状公差、总体尺寸应符合设计图纸要求。

3. 卡具材料的要求：

（1）使用前，应对卡具主体及其他主要受力零件原材料的化学成分、力学性能进行复验，对铝合金材料还应按 DL/T 463 的相关条款进行低倍组织检验。

（2）卡具主体宜采用 LC4 铝合金材料，材料应符合 GB/T 3191 的有关规定。

（3）丝杠与其他主要受力零件，宜采用 40Cr 材料或性能更好的合金钢材料，材料应符合 GB/T 3077 的有关规定。

4. 工艺要求：

（1）卡具主体应采用模锻件或自由锻件毛坯加工成型。产品试制时应对采用的毛坯低倍组织及流线按 DL/T 463 的有关要求检验，合格后将工艺定型，方可批量生产。毛坯热处理后的硬度不小于 125。

（2）卡具主体加工成型后，首先进行荧光或超声波探伤，确保卡具主体无裂纹后，再对表面进行阳极氧化处理，氧化膜的质量按 GB/T 8753.1、GB/T 8753.2 和 GB/T 14952.3 的有关规定进行检验。

（3）所有的钢制零件表面应进行镀锌或发蓝处理，镀锌层的质量按 HB 5035 的有关

规定进行检验，发蓝质量按 HB 5062 的有关规定进行检验。对于 40Cr、45Mn$_2$ 等易氢脆材料，镀锌处理后应除氢。

5. 型式试验要求：型式试验是对 3 个产品样件进行试验，以证明产品符合设计性能要求。型式试验在外观检验和主要尺寸检验合格后，分别按照卡具额定荷重的 1.5 倍、2.5 倍、3.0 倍进行动荷重试验、静荷重试验、破坏性试验。经过型式试验的样品，不再出厂销售和使用。

6. 出厂试验要求：对出厂产品应逐个进行试验，试验项目包括外观检验、主要尺寸检验、动荷重试验。动荷重试验标准为卡具按实际工作状态布置，在 1.5 倍额定荷重作用下，进行 3 次操作，各零件无变形、损伤，操作灵活可靠，无卡阻者为合格。

7. 标志包装要求：

（1）用压印法或其他方法将卡具标志标刻在易识别的部位，压痕深度应不大于 0.1mm。标志内容为卡具型号规格、制造厂名简称或代号、商标、出厂编号（包括生产年、月、批次）。

（2）包装箱内应附有制造厂质量部门的质检合格证及使用说明书。

参考图片及参数

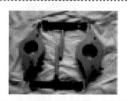

企业名称	型号规格	主要材质	主电压等级/kV	额定负荷/kN	适用绝缘子型号	型式试验报告
江苏恒安电力工具有限公司	HA－BSK	铝合金 LC4	220～750	40～120	100～400	无
汉中群峰机械制造有限公司	DBK215－840	钛合金 TC4	±1100	215	840	无
	DBK195－760	钛合金 TC4	±1100 及以下	195	760	无
	DBK145－550	钛合金 TC4	±1100 及以下	145	550	无
	DBK140－530	钛合金 TC4	1000 及以下	140	530	无
	DBK110－420	钛合金 TC4	±800 及以下	110	420	无
	DBK105－400	钛合金 TC4	±800 及以下	100	400	无
	DBK80－300	钛合金 TC4	750 及以下	80	300	无
	DBK60－210	铝合金 LC4	750 及以下	60	210	无
	DBK45－160	铝合金 LC4	500 及以下	45	160	无
	DBK35－120	铝合金 LC4	500 及以下	35	120	无
	DBK30－100	铝合金 LC4	500 及以下	30	100	无
西安鑫烁电力科技有限公司	XS－BSK220	铝合金	220	80	16	无
	XS－BSK330	铝合金	330	80	16	无

续表

企业名称	型号规格	主要材质	主电压等级/kV	额定负荷/kN	适用绝缘子型号	型式试验报告
西安鑫烁电力科技有限公司	XS-BSK500-1	铝合金	500	110	40	无
	XS-BSK500-2	铝合金	±500	120	40	无
	XS-BSK660	铝合金	±660	120	42	无
	XS-BSK800	铝合金	±800	150	55	无
	XS-BSK1000	铝合金	±1000	150	55	无
台州大通	DBK30-100	7075	220	30	100kN	无
	DBK35-120	7075	220	35	120kN	无
	DBK45-160	7075	220	45	160kN	有
	DBK60-210	7075	220	58	210kN	无
	DBK80-300	7075/TC4	±550	80	300kN	有
	DBK105-400	7075/TC4	±550	105	400kN	有
	DBK145-550	7075/TC4	±800	143	550kN	有
	DBK215-840	7075/TC4	±1100	215	840kN	有

13 手动收紧器

适用拉力等级 20～80kN

用途

用于输电带电作业工作中，与卡具配套使用更换绝缘子。

执行标准

GB/T 180378 带电作业工具基本技术要求与设计导则

DL/T 463 带电作业用绝缘子卡具

DL/T 877 带电作业工具、装置和设备使用的一般要求

DL/T 976 带电作业工具、装置和设备预防性试验规程

GB/T 3191 铝及铝合金挤压棒材

GB/T 3077 合金结构钢

GB/T 8753.1 铝及铝合金阳极氧化 氧化膜封孔质量的评定方法 第1部分：无硝酸预浸的磷铬酸法

GB/T 8753.2 铝及铝合金阳极氧化 氧化膜封孔质量的评定方法 第2部分：硝酸预浸的磷铬酸法

GB/T 14952.3 铝及铝合金阳极氧化 着色阳极氧化膜色差和外观质量检验方法 目视观察法

HB 5035　锌镀层质量检验

HB 5062　钢铁零件化学氧化（发蓝）膜层质量检验

相关标准技术性能要求

1. 额定荷重要求：工具的机械强度按照额定设计荷重进行设计验算，推荐按导线机械特性曲线确定常规紧线工具额定荷重的计算方法确定液压紧线器作为水平紧线时的荷重。推荐按线路最大垂直挡距中的垂直及水平荷重确定吊线工具额定设计荷重的方法，确定液压紧线器作为垂直吊线时的荷重。

2. 外观要求：

（1）卡具各组成部分零件表面应光滑、平整，无毛刺、尖棱、裂纹等缺陷。

（2）卡具与挂点（即卡具定位用的金具）接触面的配合应紧密可靠，非接触面应留有1～2mm间隙，以便于卡具安装或拆卸。

（3）卡具各零件尺寸公差、形状公差、总体尺寸应符合设计图纸要求。

3. 卡具材料的要求：

（1）使用前，应对卡具主体及其他主要受力零件原材料的化学成分、力学性能进行复验，对铝合金材料还应按 DL/T 463 的相关条款进行低倍组织检验。

（2）卡具主体宜采用 LC4 铝合金材料，材料应符合 GB/T 3191 的有关规定。

（3）丝杠与其他主要受力零件，宜采用 40Cr 材料或性能更好的合金钢材料，材料应符合 GB/T 3077 的有关规定。

4. 工艺要求：

（1）卡具主体应采用模锻件或自由锻件毛坯加工成型。产品试制时应对采用的毛坯低倍组织及流线按 DL/T 463 的有关要求检验，合格后将工艺定型，方可批量生产。毛坯热处理后的硬度不小于 125。

（2）卡具主体加工成型后，首先进行荧光或超声波探伤，确保卡具主体无裂纹后，再对表面进行阳极氧化处理，氧化膜的质量按 GB/T 8753.1、GB/T 8753.2 和 GB/T 14952.3 的有关规定进行检验。

（3）所有的钢制零件表面应进行镀锌或发蓝处理，镀锌层的质量按 HB 5035 的有关规定进行检验，发蓝质量按 HB 5062 的有关规定进行检验。对于 40Cr、$45Mn_2$ 等易氢脆材料，镀锌处理后应除氢。

5. 型式试验要求：型式试验是对 3 个产品样件进行试验，以证明产品符合设计性能要求。型式试验在外观检验和主要尺寸检验合格后，分别按照卡具额定荷重的 1.5 倍、2.5 倍、3.0 倍进行动荷重试验、静荷重试验、破坏性试验。经过型式试验的样品，不再出厂销售和使用。

6. 出厂试验要求：对出厂产品应逐个进行试验，试验项目包括外观检验、主要尺寸检验、动荷重试验。动荷重试验标准为卡具按实际工作状态布置，在 1.5 倍额定荷重作用下，进行 3 次操作，各零件无变形、损伤，操作灵活可靠，无卡阻者为合格。

7. 标志包装要求：

（1）用压印法或其他方法将卡具标志标刻在易识别的部位，压痕深度应不大于

0.1mm。标志内容为卡具型号规格、制造厂名简称或代号、商标、出厂编号（包括生产年、月、批次）。

（2）包装箱内应附有制造厂质量部门的质检合格证及使用说明书。

参考图片及参数

  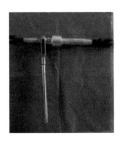

企业名称	型号规格	主要材质	工作行程/mm	最短尺寸/mm	额定负荷/kN	型式试验报告
汉中群峰机械制造有限公司	SLSG80	40Cr	460～810	460	78.4	无
	SLSG50	40Cr	477～740	477	49	无
	SLSG40	40Cr	477～740	477	39.2	无
西安鑫烁电力科技有限公司	XS－JSQ－S2	合金弹簧钢	350～600	400	20	无
	XS－JSQ－S4	合金弹簧钢	350～600	400	40	无
	XS－JSQ－S6	合金弹簧钢	350～600	400	60	无
	XS－JSQ－S8	合金弹簧钢	350～600	500	80	无
台州大通	DS20－1	40Cr	500	—	30	无
	DS20－2	40Cr	600	—	50	无
	LS20－1	40Cr	260	315	20	无
	LS20－2	40Cr	400	465	30	无
	ZLSK42	40Cr	210	435	40	无
	ZLSK65	40Cr	210	350	60	无
	ZLSK80	40Cr	210	535	80	无

14 液压收紧器

适用电压等级 ±800～1000kV

用途

用于大荷载线路利用液压系统收紧导线，更换绝缘子。

执行标准

GB/T 18037 带电作业工具基本技术要求与设计导则

DL/T 463　带电作业用绝缘子卡具

DL/T 877　带电作业工具、装置和设备使用的一般要求

DL/T 976　带电作业工具、装置和设备预防性试验规程

GB/T 3191　铝及铝合金挤压棒材

GB/T 3077　合金结构钢

GB/T 8753.1　铝及铝合金阳极氧化 氧化膜封孔质量的评定方法　第 1 部分：无硝酸预浸的磷铬酸法

GB/T 8753.2　铝及铝合金阳极氧化 氧化膜封孔质量的评定方法　第 2 部分：硝酸预浸的磷铬酸法

GB/T 14952.3　铝及铝合金阳极氧化 着色阳极氧化膜色差和外观质量检验方法　目视观察法

HB 5035　锌镀层质量检验

HB 5062　钢铁零件化学氧化（发蓝）膜层质量检验

相关标准技术性能要求

1. 额定荷重要求：工具的机械强度按照额定设计荷重设计验算，推荐按导线机械特性曲线确定常规紧线工具额定荷重的计算方法确定液压紧线器作为水平紧线时的荷重。推荐按线路最大垂直挡距中的垂直及水平荷重确定吊线工具额定设计荷重的方法确定液压紧线器作为垂直吊线时的荷重。

2. 外观要求：

（1）卡具各组成部分零件表面应光滑、平整，无毛刺、尖棱、裂纹等缺陷。

（2）卡具与挂点（即卡具定位用的金具）的接触面应配合紧密可靠，非接触面应留有 1～2mm 间隙，以便于卡具安装或拆卸。

（3）卡具各零件尺寸公差、形状公差、总体尺寸应符合设计图纸要求。

3. 卡具材料的要求：

（1）使用前，应对卡具主体及其他主要受力零件原材料的化学成分、力学性能进行复验，对铝合金材料还应按 DL/T 463 的相关条款进行低倍组织检验。

（2）卡具主体宜采用 LC4 铝合金材料，材料应符合 GB/T 3191 的有关规定。

（3）丝杠与其他主要受力零件，宜采用 40Cr 材料或性能更好的合金钢材料，材料应符合 GB/T 3077 的有关规定。

4. 工艺要求：

（1）卡具主体应采用模锻件或自由锻件毛坯加工成型。产品试制时应对采用的毛坯低倍组织及流线按 DL/T 463 的有关要求检验，合格后将工艺定型，方可批量生产。毛坯热处理后的硬度不小于 125。

（2）卡具主体加工成型后，首先进行荧光或超声波探伤，确保卡具主体无裂纹后，再对表面进行阳极氧化处理，氧化膜的质量按 GB/T 8753.1、GB/T 8753.2 和 GB/T 14952.3 的有关规定进行检验。

（3）所有的钢制零件表面应进行镀锌或发蓝处理，镀锌层的质量按 HB 5035 的有关

规定进行检验，发蓝质量按 HB 5062 的有关规定进行检验。对于 40Cr、45Mn$_2$ 等易氢脆材料，镀锌处理后应除氢。

5. 型式试验要求：型式试验是对 3 个产品样件进行试验，以证明产品符合设计性能要求。型式试验在外观检验和主要尺寸检验合格后，分别按照卡具额定荷重的 1.5 倍、2.5 倍、3.0 倍进行动荷重试验、静荷重试验、破坏性试验。经过型式试验的样品，不再出厂销售和使用。

6. 出厂试验要求：对出厂产品应逐个进行试验，试验项目包括外观检验、主要尺寸检验、动荷重试验。动荷重试验标准为卡具按实际工作状态布置，在 1.5 倍额定荷重作用下，进行 3 次操作，各零件无变形、损伤，操作灵活可靠，无卡阻者为合格。

7. 标志包装要求：

（1）用压印法或其他方法将卡具标志标刻在易识别的部位，压痕深度应不大于 0.1mm。标志内容为卡具型号规格、制造厂名简称或代号、商标、出厂编号（包括生产年、月、批次）。

（2）包装箱内应附有制造厂质量部门的质检合格证及使用说明书。

8. 使用要求：

（1）液压紧线器的泄油阀宜有良好的微调性，以减少卸载时的冲击力。

（2）液压紧线器的行程应大于 50mm，当不大于 50mm 时，应配有调节安装长度的机械丝杆。

（3）液压紧线器的液压油及密封圈应定期更换。

参考图片及参数

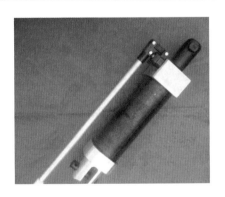

企业名称	型号规格	额定负荷 /kN	工作行程 /mm	最短尺寸 /mm	液压方式	型式试验报告
	YJX-150	150	490～790	490	手动	无
汉中群峰机械制造有限公司	YJX-120	120	490～790	490	手动	无
	YJX-100	100	487～787	487	手动	无

续表

企业名称	型号规格	额定负荷 /kN	工作行程 /mm	最短尺寸 /mm	液压方式	型式试验 报告
西安鑫烁电力 科技有限公司	XS－SJQ－Y30	29.4	342～542	342	手动	无
	XS－SJQ－Y50	49	412～662	412	手动	无
	XS－SJQ－Y80	78.4	478～778	478	手动	无
	XS－SJQ－Y100	98	487～787	487	手动	无
	XS－SJQ－Y120	117.6	490～790	490	手动	无

15 混合式收紧器

适用电压等级 ±800～1000kV

用途

用于输电带电作业工作中与卡具配套使用更换绝缘子。

执行标准

GB/T 18037 带电作业工具基本技术要求与设计导则

DL/T 463 带电作业用绝缘子卡具

DL/T 877 带电作业工具、装置和设备使用的一般要求

DL/T 976 带电作业工具、装置和设备预防性试验规程

GB/T 3191 铝及铝合金挤压棒材

GB/T 3077 合金结构钢

GB/T 8753.1 铝及铝合金阳极氧化 氧化膜封孔质量的评定方法 第1部分：无硝酸预浸的磷铬酸法

GB/T 8753.2 铝及铝合金阳极氧化 氧化膜封孔质量的评定方法 第2部分：硝酸预浸的磷铬酸法

GB/T 14952.3 铝及铝合金阳极氧化 着色阳极氧化膜色差和外观质量检验方法 目视观察法

HB 5035 锌镀层质量检验

HB 5062 钢铁零件化学氧化（发蓝）膜层质量检验

相关标准技术性能要求

1. 额定荷重要求：工具的机械强度按照额定设计荷重进行设计验算，推荐按导线机械特性曲线确定常规紧线工具额定荷重的计算方法确定液压紧线器作为水平紧线时的荷重。推荐按线路最大垂直挡距中的垂直及水平荷重确定吊线工具额定设计荷重的方法，确定液压紧线器作为垂直吊线时的荷重。

2. 外观要求：

（1）卡具各组成部分零件表面应光滑、平整，无毛刺、尖棱、裂纹等缺陷。

（2）卡具与挂点（即卡具定位用的金具）接触面的配合应紧密可靠，非接触面应留有1～2mm 间隙，以便于卡具安装或拆卸。

（3）卡具各零件尺寸公差、形状公差、总体尺寸应符合设计图纸要求。

3. 卡具材料的要求：

（1）使用前，应对卡具主体及其他主要受力零件原材料的化学成分、力学性能进行复验，对铝合金材料还应按 DL/T 463 的相关条款进行低倍组织检验。

（2）卡具主体宜采用 LC4 铝合金材料，材料应符合 GB/T 3191 的有关规定。

（3）丝杠与其他主要受力零件，宜采用 40Cr 材料或性能更好的合金钢材料，材料应符合 GB/T 3077 的有关规定。

4. 工艺要求：

（1）卡具主体应采用模锻件或自由锻件毛坯加工成型。产品试制时应对采用的毛坯低倍组织及流线按 DL/T 463 的有关要求检验，合格后将工艺定型，方可批量生产。毛坯热处理后的硬度不小于 125。

（2）卡具主体加工成型后，首先进行荧光或超声波探伤，确保卡具主体无裂纹后，再对表面进行阳极氧化处理，氧化膜的质量按 GB/T 8753.1、GB/T 8753.2 和 GB/T 14952.3 的有关规定进行检验。

（3）所有的钢制零件表面应进行镀锌或发蓝处理，镀锌层的质量按 HB 5035 的有关规定进行检验，发蓝质量按 HB 5062 的有关规定进行检验。对于 40Cr、45Mn₂ 等易氢脆材料，镀锌处理后应除氢。

5. 型式试验要求：型式试验是对 3 个产品样件进行试验，以证明产品符合设计性能要求。型式试验在外观检验和主要尺寸检验合格后，分别按照卡具额定荷重的 1.5 倍、2.5 倍、3.0 倍进行动荷重试验、静荷重试验、破坏性试验。经过型式试验的产品，不再出厂销售和使用。

6. 出厂试验要求：对出厂产品应逐个进行试验，试验项目包括外观检验、主要尺寸检验、动荷重试验。动荷重试验标准为卡具按实际工作状态布置，在 1.5 倍额定荷重作用下，进行 3 次操作，各零件无变形、损伤，操作灵活可靠，无卡阻者为合格。

7. 标志包装要求：

（1）用压印法或其他方法将卡具标志标刻在易识别的部位，压痕深度应不大于 0.1mm。标志内容为卡具型号规格、制造厂名简称或代号、商标、出厂编号（包括生产年、月、批次）。

（2）包装箱内应附有制造厂质量部门的质检合格证及使用说明书。

参考图片及参数

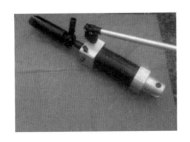

企业名称	型号规格	额定负荷 /kN	工作行程 /mm	最短尺寸 /mm	液压方式	型式试验 报告
汉中群峰机械制造 有限公司	HJQX－80	78.4	535～780	538	整体	无
	HJQX－50	49	520～775	520	整体	无
西安鑫烁电力 科技有限公司	XS－SJQ－H50	49	520～775	520	整体	无
	XS－SJQ－H80	78.4	535～780	538	整体	无

16 单导线提线钩

适用电压等级 110～1000kV

用途

用于输电带电作业中更换绝缘子时钩住导线，起后备保护作用。

执行标准

GB/T 15632 带电作业用提线工具通用技术条件

GB/T 18037 带电作业工具基本技术要求与设计导则

DL/T 463 带电作业用绝缘子卡具

DL/T 877 带电作业工具、装置和设备使用的一般要求

DL/T 878 带电作业用绝缘工具试验导则

DL/T 976 带电作业工具、装置和设备预防性试验规程

GB/T 3191 铝及铝合金挤压棒材

GB/T 3077 合金结构钢

GB/T 12361 钢质模锻件 通用技术条件

相关标准技术性能要求

1. 材料要求：

（1）用于制造带电作业用提线工具的原材料应预先检验。

（2）提线工具端部的金属附件应选用 Q235 钢材或超过其性能的材料，如果选用 LC4 铝合金材料，则应符合 GB/T 3191 的要求。

（3）收紧装置应采用优质合金结构钢制成的模锻件，锻件材料应符合 GB/T 3077 的要求，模锻件材料应符合 GB/T 12361 的要求。收紧装置与绝缘件的连接具有防扭结构。

2. 工艺要求：

（1）提线工具两端的金属附件，应对其表面进行镀铬等防腐处理（铝合金材料制件应做表面阳极化处理）。

（2）提线工具的部件加工成型后，各加工表面应规则平整，各部位外形应倒圆弧，不

得有尖锐棱角。金属部件表面粗糙度应小于 ▽ 6.3 的规定。

（3）各级别的提线工具分解后的单件质量不宜超过 10kg。提线工具与导线接触表面的弧面形状应符合 GB/T 15632 的要求。

（4）提线工具与导线接触面的部位应镶有橡胶材质的衬垫，适用各规格导线的提线工具的橡胶衬垫的厚度。

3. 出厂要求：

（1）提线工具各部件的装配及整体组装，应严格按照工具设计要求进行，符合 GB/T 18037 的要求。提线工具的机械强度试验包括额定抗拉负荷试验、动抗拉负荷试验及抗拉破坏负荷试验。型式试验是对一个或多个产品样本进行的试验，以证明产品符合设计任务书的要求，进行型式试验的试品数量为 3 个。

（2）凡提线工具产品出厂，均应按标准要求所列项目进行出厂试验，出厂试验包括外观及尺寸检查，额定抗拉负荷试验。

参考图片及参数

企业名称	型号规格	主要材质	电压等级 /kV	额定负荷 /kN	型式试验报告
台州大通	ZG20-3	7075	220	10	有
汉中群峰机械制造有限公司	DG50	铝合金 LC4	110 及以下	50	无
	DG40	铝合金 LC4	110 及以下	40	无
	DG30	铝合金 LC4	110 及以下	30	无
	DG20	铝合金 LC4	110 及以下	20	无
	DG10	铝合金 LC4	110 及以下	10	无
西安鑫烁电力科技有限公司	XS-DG-110	铝合金 LC4	110	10	无
	XS-DG-220	铝合金 LC4	220	30	无
	XS-DG-330	铝合金 LC4	330	30	无
	XS-DG-500	铝合金 LC4	500	40	无
	XS-DG-800	铝合金 LC4	±800	120	无
	XS-DG-1000	铝合金 LC4	1000	120	无

17　水平双分裂导线提线器

适用电压等级　110～330kV

用途

用于输电带电作业工作中配合绝缘拉杆提升水平双分裂导线。

执行标准

GB/T 15632　带电作业用提线工具通用技术条件

GB/T 18037　带电作业工具基本技术要求与设计导则

DL/T 463　带电作业用绝缘子卡具

DL/T 877　带电作业工具、装置和设备使用的一般要求

DL/T 976　带电作业工具、装置和设备预防性试验规程

GB/T 3191　铝及铝合金挤压棒材

GB/T 3077　合金结构钢

GB/T 12361　钢质模锻件　通用技术条件

相关标准技术性能要求

1. 材料要求：

（1）用于制造带电作业用提线工具的原材料应预先检验。

（2）提线工具端部的金属附件应选用 Q235 钢材或超过其性能的材料，如果选用 LC4 铝合金材料，则应符合 GB/T 3191 的要求。

（3）收紧装置应采用优质合金结构钢制成的模锻件，锻件材料应符合 GB/T 3077 的要求，模锻件材料应符合 GB/T 12361 的要求。收紧装置与绝缘件的连接具有防扭结构。

2. 工艺要求：

（1）提线工具两端的金属附件，应对其表面进行镀铬等防腐处理（铝合金材料制件应做表面阳极化处理）。

（2）提线工具的部件加工成型后，各加工表面应规则平整，各部位外形应倒圆弧，不得有尖锐棱角。金属部件表面粗糙度应小于 ▽ 6.3 的规定。

（3）各级别的提线工具分解后的单件质量不宜超过 10kg。提线工具与导线接触表面的弧面形状应符合 GB/T 15632 的要求。

（4）提线工具与导线接触面的部位应镶有橡胶材质的衬垫，适用各规格导线的提线工具的橡胶衬垫的厚度。

3. 出厂要求：

（1）提线工具各部件的装配及整体组装，应严格按照工具设计要求进行，符合 GB/T 18037 的要求。提线工具的机械强度试验包括，额定抗拉负荷试验、动抗拉负荷试验及抗拉破坏负荷试验。型式试验是对一个或多个产品样本进行的试验，以证明产品符合设计任

务书的要求，进行型式试验的样品数量为 3 个。

（2）凡提线工具产品出厂，均应按标准要求所列项目进行出厂试验，出厂试验包括外观及尺寸检查，额定抗拉负荷试验。

参考图片及参数

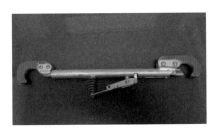

企业名称	型号规格	主要材质	电压等级 /kV	额定负荷 /kN	线间距 /mm	型式试验报告
台州大通	ZG20 - 1	7075	220	20	400	有
	ZG20 - 2	7075	220	20	400	有
	ZG20 - 4	7075	220	20	400	有
汉中群峰机械制造有限公司	SSDG50	铝合金 LC4	220	50	400	无
	SSDG30	铝合金 LC4	220	30	400	无
	SSDG25	铝合金 LC4	220	25	400	无
	SSDG20	铝合金 LC4	220	20	400	无
西安鑫烁电力科技有限公司	XS - SDQ220	铝合金 LC4	220	20	400	无
	XS - SDQ330	铝合金 LC4	330	30	400	无

18 垂直双分裂导线提线器

适用电压等级　　220～330kV

用途

用于输电带电作业工作中垂直双分裂线路带电更换悬垂绝缘子串。

执行标准

GB/T 15632　带电作业用提线工具通用技术条件

GB/T 18037　带电作业工具基本技术要求与设计导则

DL/T 877　带电作业工具、装置和设备使用的一般要求

DL/T 976　带电作业工具、装置和设备预防性试验规程

GB/T 3191　铝及铝合金挤压棒材

GB/T 3077　合金结构钢

GB/T 12361　钢质模锻件　通用技术条件

相关标准技术性能要求

1. 材料要求：

（1）用于制造带电作业用提线工具的原材料应预先检验。

（2）提线工具端部的金属附件应选用 Q235 钢材或超过其性能的材料，如果选用 LC4 铝合金材料，则应符合 GB/T 3191 的要求。

（3）收紧装置应采用优质合金结构钢制成的模锻件，锻件材料应符合 GB/T 3077 的要求，模锻件材料应符合 GB/T 12361 的要求。收紧装置与绝缘件的连接具有防扭结构。

2. 工艺要求：

（1）提线工具两端的金属附件，应对其表面进行镀铬等防腐处理（铝合金材料制件应做表面阳极化处理）。

（2）提线工具的部件加工成型后，各加工表面应规则平整，各部位外形应倒圆弧，不得有尖锐棱角。金属部件表面粗糙度应小于 ▽ 6.3 的规定。

（3）各级别的提线工具分解后的单件质量不宜超过 10kg。提线工具与导线接触表面的弧面形状应符合 GB/T 15632 规定。

（4）提线工具与导线接触面的部位应镶有橡胶材质的衬垫，适用各规格导线的提线工具的橡胶衬垫的厚度。

3. 出厂要求：

（1）提线工具各部件的装配及整体组装，应严格按照工具设计要求进行，符合 GB/T 18037 的要求。提线工具的机械强度试验包括额定抗拉负荷试验、动抗拉负荷试验及抗拉破坏负荷试验。型式试验是对一个或多个产品样本进行的试验，以证明产品符合设计任务书的要求，进行型式试验的样品数量为 3 个。

（2）凡提线工具产品出厂，均应按标准要求所列项目进行出厂试验，出厂试验包括外观及尺寸检查，额定抗拉负荷试验。

参考图片及参数

企业名称	型号规格	主要材质	适用电压等级 /kV	额定负荷 /kN	线间距 /mm	型式试验报告
台州大通	ZG20－1	7075	220	20	400	有
	ZG20－2	7075	220	20	400	有
	ZG20－4	7075	220	20	400	有

企业名称	型号规格	主要材质	适用电压等级/kV	额定负荷/kN	线间距/mm	型式试验报告
汉中群峰机械制造有限公司	CSDG50	铝合金 LC4	220	50	400/500	无
	CSDG40	铝合金 LC4	220	40	400/500	无
	CSDG30	铝合金 LC4	220	30	400/500	无
	CSDG20	铝合金 LC4	220	20	400/500	无
西安鑫烁电力科技有限公司	XS－CDG220	铝合金 LC4	220	20	400/500	无
	XS－CDG330	铝合金 LC4	330	30	400/500	无

19 四分裂导线提线器

适用电压等级 220～500kV

用途

用于输电带电作业工作中四分裂线路带电更换悬垂绝缘子串。

执行标准

GB/T 15632 带电作业用提线工具通用技术条件

GB/T 18037 带电作业工具基本技术要求与设计导则

DL/T 877 带电作业工具、装置和设备使用的一般要求

DL/T 976 带电作业工具、装置和设备预防性试验规程

GB/T 3191 铝及铝合金挤压棒材

GB/T 3077 合金结构钢

GB/T 12361 钢质模锻件 通用技术条件

相关标准技术性能要求

1. 材料要求：

（1）用于制造带电作业用提线工具的原材料应预先检验。

（2）提线工具端部的金属附件应选用 Q235 钢材或超过其性能的材料，如果选用 LC4 铝合金材料，则应符合 GB/T 3191 的要求。

（3）收紧装置应采用优质合金结构钢制成的模锻件，锻件材料应符合 GB/T 3077 的要求，模锻件材料应符合 GB/T 12361 的要求。收紧装置与绝缘件的连接具有防扭结构。

2. 工艺要求：

（1）提线工具两端的金属附件，应对其表面进行镀铬等防腐处理（铝合金材料制件应做表面阳极化处理）。

（2）提线工具的部件加工成型后，各加工表面应规则平整，各部位外形应倒圆弧，不得有尖锐棱角。金属部件表面粗糙度应小于 ▽ 6.3 的规定。

（3）各级别的提线工具分解后的单件质量不宜超过 10kg。提线工具与导线接触表面

的弧面形状应符合 GB/T 15632 的要求。

（4）提线工具与导线接触面的部位应镶有橡胶材质的衬垫，适用各规格导线的提线工具的橡胶衬垫的厚度。

3. 出厂要求：

（1）提线工具各部件的装配及整体组装，应严格按照工具设计要求进行，符合 GB/T 18037 的规定。提线工具的机械强度试验包括额定抗拉负荷试验、动抗拉负荷试验及抗拉破坏负荷试验。型式试验是对一个或多个产品样本进行的试验，以证明产品符合设计任务书的要求，进行型式试验的样品数量为 3 个。

（2）凡提线工具产品出厂，均应按标准要求所列项目进行出厂试验，出厂试验包括外观及尺寸检查，额定抗拉负荷试验。

参考图片及参数

企业名称	型号规格	主要材质	适用电压等级 /kV	额定负荷 /kN	线间距 /mm	型式试验报告
台州大通	ZGK45	铝合金 LC4	500	45	450	有
汉中群峰机械制造有限公司	ZTXK100 - 4	铝合金 LC4	500	100	450/500	无
	ZTXK80 - 4	铝合金 LC4	500	80	450/500	无
	ZTXK60 - 4	铝合金 LC4	500	60	450/500	无
	ZTXK50 - 4	铝合金 LC4	500	50	450/500	无
	ZTXK45 - 4	铝合金 LC4	330	45	450/500	无
西安鑫烁电力科技有限公司	XS - DTG - S500 - 1	铝合金 LC4	±500	90	450	无
	XS - DTG - S500 - 1	铝合金 LC4	500	50	450	无

20　六分裂导线提线器

适用电压等级　220～±800kV

用途

用于超高压、特高压输电带电作过程业中提升导线，更换 V 型整串或直线整串绝缘子。

执行标准

GB/T 15632　带电作业用提线工具通用技术条件

GB/T 18037　带电作业工具基本技术要求与设计导则

DL/T 877　带电作业工具、装置和设备使用的一般要求

DL/T 976　带电作业工具、装置和设备预防性试验规程

GB/T 3191　铝及铝合金挤压棒材

GB/T 3077　合金结构钢

GB/T 12361　钢质模锻件　通用技术条件

相关标准技术性能要求

1. 材料要求：

（1）用于制造带电作业用提线工具的原材料应预先检验。

（2）提线工具端部的金属附件应选用 Q235 钢材或超过其性能的材料，如果选用 LC4 铝合金材料，则应符合 GB/T 3191 的要求。

（3）收紧装置应采用优质合金结构钢制成的模锻件，锻件材料应符合 GB/T 3077 的要求，模锻件材料应符合 GB/T 12361 的要求。收紧装置与绝缘件的连接具有防扭结构。

2. 工艺要求：

（1）提线工具两端的金属附件，应作镀铬等表面防腐处理（铝合金材料制件应做表面阳极化处理）。

（2）提线工具的部件加工成型后，各加工表面应规则平整，各部位外形应倒圆弧，不得有尖锐棱角。金属部件表面粗糙度应小于 ▽ 6.3 的规定。

（3）各级别的提线工具分解后的单件质量不宜超过 10kg。提线工具与导线接触表面的弧面形状应符合 GB/T 15632 的要求。

（4）提线工具与导线接触面的部位应镶有橡胶材质的衬垫，适用各规格导线的提线工具的橡胶衬垫的厚度。

3. 出厂要求：

（1）提线工具各部件的装配及整体组装，应严格按照工具设计要求进行，符合 GB/T 18037 的规定。提线工具的机械强度试验包括，额定抗拉负荷试验、动抗拉负荷试验及抗拉破坏负荷试验。型式试验是对一个或多个产品样本进行的试验，以证明产品符合设计任务书的要求，进行型式试验的试品数量为 3 个。

（2）凡提线工具产品出厂，均应按标准要求所列项目进行出厂试验，出厂试验包括外观及尺寸检查，额定抗拉负荷试验。

参考图片及参数

企业名称	型号规格	主要材质	电压等级/kV	额定负荷/kN	导线分裂圆直径/mm	型式试验报告
汉中群峰机械制造有限公司	ZTXK150-6	铝合金 LC4	±800	150	900/1000	无
	ZTXK120-6	铝合金 LC4	±800	120	900/1000	无
	ZTXK100-6	铝合金 LC4	±800	100	900/1000	无
	ZTXK80-6	铝合金 LC4	±800	80	900/1000	无
	ZTXK60-6	铝合金 LC4	±800	60	800	无
	ZTXK50-6	铝合金 LC4	±800	50	800	无
西安鑫烁电力科技有限公司	XS-DTG-L500	铝合金 LC4	500，紧凑型	50	720	无
	XS-DTG-L660	铝合金 LC4	±660	90	720	无
	XS-DTG-L800	铝合金 LC4	±800	120	720	无
台州大通	ZGK60	—	750	60	450	无

21 八分裂导线提线器

适用电压等级   1000kV

用途

用于特高压带电作业工作中提升导线，更换 V 型整串或直线整串绝缘子。

执行标准

GB/T 15632 带电作业用提线工具通用技术条件

GB/T 18037 带电作业工具基本技术要求与设计导则

DL/T 877 带电作业工具、装置和设备使用的一般要求

DL/T 976 带电作业工具、装置和设备预防性试验规程

GB/T 3191 铝及铝合金挤压棒材

GB/T 3077 合金结构钢

GB/T 12361 钢质模锻件 通用技术条件

相关标准技术性能要求

1. 材料要求：

（1）用于制造带电作业用提线工具的原材料应预先检验。

（2）提线工具端部的金属附件应选用 Q235 钢材或超过其性能的材料，如果选用 LC4 铝合金材料，则应符合 GB/T 3191 的要求。

（3）收紧装置应采用优质合金结构钢制成的模锻件，锻件材料应符合 GB/T 3077 的要求，模锻件材料应符合 GB/T 12361 的要求。收紧装置与绝缘件的连接具有防扭结构。

2. 工艺要求：

（1）提线工具两端的金属附件，应作镀铬等表面防腐处理（铝合金材料制件应做表面

阳极化处理）。

（2）提线工具的部件加工成型后，各加工表面应规则平整，各部位外形应倒圆弧，不得有尖锐棱角。金属部件表面粗糙度应小于 ▽ 6.3 的规定。

（3）各级别的提线工具分解后的单件质量不宜超过 10kg。提线工具与导线接触表面的弧面形状应符合 GB/T 15632 的要求。

（4）提线工具与导线接触面的部位应镶有橡胶材质的衬垫，适用各规格导线的提线工具的橡胶衬垫的厚度。

3. 出厂要求：

（1）提线工具各部件的装配及整体组装，应严格按照工具设计要求进行，符合 GB/T 18037 的规定。提线工具的机械强度试验包括，额定抗拉负荷试验、动抗拉负荷试验及抗拉破坏负荷试验。型式试验是对一个或多个产品样本进行的试验，以证明产品符合设计任务书的要求，进行型式试验的试品数量为 3 个。

（2）凡提线工具产品出厂，均应按标准要求所列项目进行出厂试验，出厂试验包括外观及尺寸检查，额定抗拉负荷试验。

参考图片及参数

企业名称	型号规格	主要材质	适用电压等级 /kV	额定负荷 /kN	导线分裂圆直径/mm	型式试验报告
台州大通	ZGK120	7075/TC4	1000	120	450	有
汉中群峰机械制造有限公司	ZTXK150‑8	铝合金 LC4	1000	150	1045	无
	ZTXK120‑8	铝合金 LC4	1000	120	1045	无
西安鑫烁电力科技有限公司	XS‑DTG‑B	铝合金 LC4	1000	150	1045	无

22　单导线软梯头

适用电压等级　110～1000kV

用途

在输电带电作业工作中通过软梯进入电场，其与软梯连接，挂置于导线上并可靠固定。

执行标准

GB/T 18037　带电作业工具基本技术要求与设计导则

DL/T 875　输电线路施工机具设计、试验基本要求

DL/T 877　带电作业工具、装置和设备使用的一般要求

DL/T 976　带电作业工具、装置和设备预防性试验规程

相关标准技术性能要求

1. 材料要求：载人工具的承力金属部件应采用高强度铝合金作为原材料，不允许使用其他脆性金属材料（例如铸铁）。

2. 额定荷载要求：载人工具的额定设计荷重计算公式为

$$Q_{rs} = K_c Q_r$$

$$Q_r = 85n$$

式中　n——工具允许载人的个数；

　　Q_r——载人工具的荷重；

　　K_c——载人工具的冲击系数，垂直攀登取 $K_c = 1.6 \sim 2.0$，水平迁移取 $K_c = 1.5$，骑飞车取 $K_c = 1.8$，机动提升取 $K_c = 2.5$。

3. 软梯头的预防性试验要求：整体挂重性能应符合要求，静负荷试验应在加载 2.4kN 下持续 5min 无变形、无损伤；动负荷试验应在加载 2.0kN 下操作 3 次，加载后要求能在导、地线上自由灵活移动、无卡阻现象。

参考图片及参数

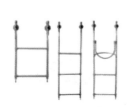

企业名称	型号规格	主要材质	适用电压等级/kV	额定负荷/kN	结构特征	型式试验报告
汉中群峰机械制造有限公司	TR01－06×03	铝合金 LY12	通用	1	两撑，无滑车	无
	TR01－12×04	铝合金 LY12	通用	1	带折叠护圈	无
	TRL01－06×03	铝合金 LY12	通用	1	三撑，无滑车	无
	TRN01－12×03	铝合金 LY12	通用	1	三撑，无滑车	无
	TRS01－12×037	铝合金 LY12	通用	1	三撑，无滑车	无
	TRM01－12×037	铝合金 LY12	通用	1	三撑，有滑车	无
	TRT01－10×03	铝合金 LY12	通用	1	两撑，带折叠护圈	无

企业名称	型号规格	主要材质	适用电压等级/kV	额定负荷/kN	结构特征	型式试验报告
西安鑫烁电力科技有限公司	XS-DRT	铝合金 LY12	通用	2.3	双轮	无
	XS-JDRT	绝缘材质	通用	2.3	双轮	无
台州大通	TR-1	铝合金	220	1	悬挂单导线，底端连接软梯	无
	TR-2	铝合金	220	1	悬挂单导线，底端连接软梯	无
	TR-3	铝合金	220	1	悬挂单导线，底端连接软梯	无
	TR-4	铝合金	220	1	悬挂单导线，底端连接软梯	无

23 水平双分裂导线软梯头

适用电压等级 220~1000kV

用途

在输电带电作业工作中通过软梯进入电场时，用于与软梯连接，挂置于导线上并可靠固定。

执行标准

GB/T 18037　带电作业工具基本技术要求与设计导则

DL/T 875　输电线路施工机具设计、试验基本要求

DL/T 877　带电作业工具、装置和设备使用的一般要求

DL/T 976　带电作业工具、装置和设备预防性试验规程

相关标准技术性能要求

1. 材料要求：载人工具的承力金属部件应采用高强度铝合金作为原材料，不允许使用其他脆性金属材料（例如铸铁）。

2. 额定荷载要求：载人工具的额定设计荷的计算为

$$Q_{rs} = K_c Q_r$$
$$Q_r = 85n$$

式中　n——工具允许载人的个数；

Q_r——载人工具的荷重；

K_c——载人工具的冲击系数，垂直攀登取 $K_c=1.6\sim2.0$，水平迁移取 $K_c=1.5$，骑飞车取 $K_c=1.8$，机动提升取 $K_c=2.5$。

3. 软梯头的预防性试验要求：整体挂重性能应符合要求，静负荷试验应在加载 2.4kN 下持续 5min 无变形、无损伤；动负荷试验应在加载 2.0kN 下操作 3 次，加载后要求能在导、地线上自由灵活移动、无卡阻现象。

参考图片及参数

企业名称	型号规格	主要材质	适用电压等级/kV	额定负荷/kN	线间距/mm	型式试验报告
汉中群峰机械制造有限公司	TRP01－12×04	铝合金 LY12	220	100	400	无
西安鑫烁电力科技有限公司	XS－SDRT－S	铝合金 LY12	通用	2.3	400～450	无
台州大通	ZR－2	铝合金 LY12	220	100	400	无

24　垂直双分裂导线软梯头

适用电压等级　220～1000kV

用途

在输电带电作业工作中通过软梯进入电场时，用于与软梯连接，挂置于导线上并可靠固定。

执行标准

GB/T 18037　带电作业工具基本技术要求与设计导则

DL/T 875　输电线路施工机具设计、试验基本要求

DL/T 877　带电作业工具、装置和设备使用的一般要求

DL/T 976　带电作业工具、装置和设备预防性试验规程

相关标准技术性能要求

1. 材料要求：载人工具的承力金属部件应采用高强度铝合金作为原材料，不允许使用其他脆性金属材料（例如铸铁）。

2. 额定荷载要求：载人工具的额定设计荷的计算为

$$Q_{rs} = K_c Q_r$$

$$Q_r = 85n$$

式中　n——工具允许载人的个数；

Q_r——载人工具的荷重；

K_c——载人工具的冲击系数，垂直攀登取 $K_c=1.6\sim2.0$，水平迁移取 $K_c=1.5$，骑飞车取 $K_c=1.8$，机动提升取 $K_c=2.5$。

3. 软梯头的预防性试验要求：整体挂重性能应符合要求，静负荷试验应在加载 2.4kN 下持续 5min 无变形、无损伤；动负荷试验应在加载 2.0kN 下操作 3 次，加载后要求能在导、地线上自由灵活移动、无卡阻现象。

参考图片及参数

企业名称	型号规格	主要材质	适用电压等级/kV	额定负荷/kN	线间距/mm	型式试验报告
汉中群峰机械制造有限公司	TRC01-16×04	铝合金 LY12	220	100	400	无
西安鑫烁电力科技有限公司	XS-SDRT-C	铝合金 LY12	通用	2.25	450	无
台州大通	ZR-1	铝合金 LY12	220	100	400	无

25 拔销器

适用电压等级 110～1000kV

用途

用于输电带电作业工作中锁紧销的安装与取出。

执行标准

GB/T 18037 带电作业工具基本技术要求与设计导则

DL/T 877 带电作业工具、装置和设备使用的一般要求

DL/T 976 带电作业工具、装置和设备预防性试验规程

相关标准技术性能要求

1. 拔销器的材料应选择高强合金钢材料，满足应力结构需要。

2. 拔销器应根据不同绝缘子型式设计，便于操作、携带。

3. 拔销器的尺寸、规格应满足锁紧销的型式需要，不宜过大。

参考图片及参数

企业名称	型号规格	主要材质	拔销器型式 （R 或 W）	型式试验报告
西安鑫烁电力科技 有限公司	XS－BXQ－R	合金钢	R	无
	XS－BXQ－W	合金钢	W	无

26　翻转滑车

适用电压等级　110～1000kV

用途

用于输电带电作业工作中起吊软梯。

执行标准

GB/T 18037　带电作业工具基本技术要求与设计导则

GB/T 13034　带电作业用绝缘滑车

DL/T 877　带电作业工具、装置和设备使用的一般要求

DL/T 976　带电作业工具、装置和设备预防性试验规程

DL/T 463　带电作业用绝缘子卡具

DL/T 878—2004　带电作业用绝缘工具试验导则

相关标准技术性能要求

1. 翻转滑车的主体及其他材料应选择高强铝合金或性能更好的合金钢材料。

2. 带电作业工器具的设计应达到以下要求：

（1）符合 GB/T 18037、DL/T 463、DL/T 878 等标准要求，通过型式试验及出厂试验。

（2）静负荷试验：2.5 倍额定工作负荷下持续 5min，以无变形、无损伤为合格。

（3）动负荷试验：1.5 倍额定工作负荷下实际操作 3 次，以工具灵活、轻便、无卡阻现象为合格。

3. 翻转滑车各组成部分零件表面应光滑、平整，无毛刺、尖棱、裂纹等缺陷。

4. 翻转与挂点应紧密可靠，非接触面应留有 1～2mm 间隙，便于卡具灵活安装或拆卸。

参考图片及参数

企业名称	型号规格	主要材质	耐受电压能力	机械强度/kN	型式试验报告
兴化市佳辉电力器具有限公司	JFH－1	铝合金	通用	10	无
汉中群峰机械制造有限公司	GDH－1	铝合金 LC4	通用	1	无
	GDH－1	铝合金 LC4	通用	1	无
西安鑫烁电力科技有限公司	XS－FHC－1	铝合金	通用	10	无
	XS－FHC－2（带闭锁）	铝合金	通用	10	无
台州大通	GH05－2	铝合金 LC4＋不锈钢	—	1.2	无

27 导线飞车

适用电压等级

110～1000kV

用途

用于输电带电作业工作中沿导线乘骑、检修导线、附件及处理缺陷等项工作。

执行标准

GB/T 13034　带电作业用绝缘滑车

GB/T 18037　带电作业工具基本技术要求与设计导则

DL/T 875　输电线路施工机具设计、试验基本要求

DL/T 877　带电作业工具、装置和设备使用的一般要求

DL/T 976　带电作业工具、装置和设备预防性试验规程

GB/T 6893　铝及铝合金拉（轧）制无缝管

GB/T 4437　铝及铝合金热挤压管

GB/T 3077　合金结构钢

    YB 3206　机械加工通用技术条件

    YB 3212　热处理件通用技术条件

    YB 3205　机械装配通用技术条件

相关标准技术性能要求

1. 材料要求：

（1）飞车应使用符合 GB/T 6893、GB/T 4437、GB/T 3077 规定的强度高、质量轻、非脆性的材料。

（2）框架材料机械性能应不低于 LY12。

2. 额定负荷：飞车额定负荷应不小于 900N。

3. 安全要求：

（1）飞车所有的部件都用导电材料做成，用于带电作业维护时，飞车的重力很关键，要确保导线与接地构架间有足够的净空，防止发生闪络。带电作业飞车一般不采用动力型的，且滑轮不得采用绝缘衬垫。

（2）飞车应配备一根安全保险绳。保险绳一端应有安全钩，连接在导线上，另一端连接在飞车的框架上，以免意外跌落。安全保险绳的强度应为飞车额定荷载的 10 倍。

（3）飞车还应配备一根携重绳，该绳采用高强度绝缘绳，其长度为导线悬挂点至地面的距离。该绳不仅可以用来传递器材，紧急情况时，操作人员还可通过绳子降落到地面。携重绳的强度为飞车额定荷载的 10 倍。

4. 行驶性能要求：

（1）飞车应能顺利通过各型号导线（钢芯铝绞线、铝合金绞线、铝包钢导线等）、已投入运行的导线截面（300～720mm²），以及导线接续管、补修管，还能通过间隔棒、防震锤及悬垂绝缘子串。

（2）飞车主动行轮轮槽应镶嵌导电耐磨橡胶，在带电线路上行驶不应发生充放电现象。

（3）飞车应设前进、倒退和空挡，倒退时同样能通过间隔棒、防震锤及悬式绝缘子串，B 型飞车应设快、慢速度挡。

5. 刹车要求：飞车的刹车性能应良好，A 型飞车的刹车位移应不大于 0.2m，B 型飞车的刹车位移应不大于 0.3m。

6. 结构要求：飞车结构应轻巧，操作方便，便于运输存放。A 型飞车质量在 40kg 以下，B 型飞车质量在 50kg 以下。

7. 工艺要求：飞车各部件外表面不得有尖锐棱角，各接口应倒圆处理，加工按 YB 3206、热处理按 YB 3212、装配按 YB 3205 的要求进行，材料表面应进行防腐处理。

8. 检测规定：

（1）全部产品均应进行出厂试验，出厂试验按参数表格规定的项目由生产厂进行，出厂试验不合格的产品不得出厂。

（2）带电作业用脚踏式导线飞车应有如下标志：符号（双三角形）、制造厂及商标、型号、制造日期。

（3）飞车出厂时应采用帆布袋包装，袋内必须附有检验报告合格证书、使用说明书。远距离运输应采用包装箱包装，在包装箱上应注明"勿压""严防碰撞"字样，以避免损坏。

参考图片及参数

企业名称	型号规格	主要材质	额定负荷/kN	爬坡能力/(°)	导线间距/mm	动力形式行进速度/(m·min⁻¹)	安全承载力	型式试验报告
汉中群峰机械制造有限公司	C-PD	铝合金 LY12	0.98	25	单导线	60	3.0 倍	无
	C2-P2X400B	铝合金 LY12	0.98	25	400	60	3.0 倍	无
	C4-P4X450	铝合金 LY12	0.98	25	450	60	3.0 倍	无
西安鑫烁电力科技有限公司	XS-DXFC-1	铝合金 LC4	1	25	单导线	60	2.5 倍	无
	XS-DXFC-2	铝合金 LC4	1	25	400	60	2.5 倍	无

28 紧线卡线器

适用电压等级 110～1000kV

用途

用于架空电力线路上进行松、紧导地线作业时，自动夹牢导地线和连接牵引机具。

执行标准

GB/T 12167 带电作业用铝合金紧线卡线器

GB/T 18037 带电作业工具基本技术要求与设计导则

DL/T 875 输电线路施工机具设计、试验基本要求

DL/T 877 带电作业工具、装置和设备使用的一般要求

DL/T 976 带电作业工具、装置和设备预防性试验规程

GB/T 3191 铝及铝合金挤压棒材

GB/T 3077 合金结构钢

GB/T 12361 钢质模锻件 通用技术条件

相关标准技术性能要求

1. 整体技术要求：①零件及组合件按图纸合格后方可装配；②卡具主体材质宜采用

铝合金 LC4 材料，符合 GB/T 3191 的要求，并采用模锻件加工而成，锻件质量应能满足相关标准的要求；③拉环采用优质合金制成的模锻件，材料符合 GB/T 3077 的要求，锻件符合 GB/T 12361 的要求。

2. 机械性能：①各种导线型号卡线器应分别满足 8kN、15kN、24kN、30kN、35kN、42kN、47kN、49kN、80kN、100kN 的系列额定负荷的要求；②各种导线型号卡线器机械性能指标均应通过 1.5 倍的动负荷出厂试验，持续时间不少于 10min，以无永久塑性变形或裂纹为合格；③各种导线型号卡线器的破坏拉力不得小于 3.0 倍的额定负荷。

参考图片及参数

企业名称	型号规格	主要材质	额定负荷/kN	适用导线	型式试验报告
汉中群峰机械制造有限公司	SKL100（圆线）	铝合金 LC4	100	JL/G2A（G3A）－1250/70、JL/G2A（G3A）－1250/100	无
	SKLX100（型线）	铝合金 LC4	100	JL1X1/G3A－1250/70－431、JL1X1/G2A－1250/100－437	无
	JLK80－800	铝合金 LC4	80	JL/B20A－800/55	无
	JLKk80－900	铝合金 LC4	80	JL/G2A－900/75	无
	JLKk80－1000	铝合金 LC4	80	JL/G2A－1000/85	无
	LJKh720	铝合金 LC4	49	ACSR－720/50、LGJ720/60	无
	LJKg630	铝合金 LC4	47	LGJ630/45、LGJ630/80	无
	LJKf500	铝合金 LC4	42	LGJ500/35、LGJ500/65	无
	LJKe400	铝合金 LC4	35	LGJ400/20、LGJ400/95	无
	LJKd300	铝合金 LC4	30	LGJ300/15、LGJ300/70	无
	LJKc150－240	铝合金 LC4	24	LGJ150/30、LGJ240/40	无
	LJKb95－120	铝合金 LC4	15	LGJ95/15、LGJ120/25	无
	LJKa25－70	铝合金 LC4	8	LGJ25/4、LGJ70/10	无

防 护 工 具

1 屏蔽服

适用电压等级 750～1000kV

用途

用于输变电带电作业工作中等电位作业人员穿戴的防护服装。

执行标准

GB/T 6568 带电作业用屏蔽服装

GB/T 18037 带电作业工具基本技术要求与设计导则

GB/T 25726 1000kV 交流带电作业用屏蔽服装

DL/T 877 带电作业工具、装置和设备使用的一般要求

DL/T 976 带电作业工具、装置和设备预防性试验规程

相关标准技术性能要求

1. 衣料要求：

（1）屏蔽效率：制作屏蔽服的衣料屏蔽率不得小于 40dB（Ⅱ型 60dB）。

（2）电阻：制作屏蔽服的衣料电阻不得大于 800mΩ。

（3）熔断电流：制作屏蔽服的衣料熔断电流不得小于 5A。

（4）耐电火花：衣料具有一定耐电火花能力，在充电电容产生的高频火花放电时而不烧损，仅炭化而无明火蔓延，经过耐电火花 2min 后，衣料炭化面积不大于 $300mm^2$。

（5）耐燃：衣料与明火接触时必须能阻止或蔓延。试样的炭化长度不大于 300mm，燃烧面积不能大于 $100cm^2$，且烧坏面积不得扩散到试样的边缘。

（6）耐洗涤：要确保在多次洗涤后衣料的电气性能和耐燃性能无明显降低，经 10 次"水洗－烘干"过程，其性能应满足屏蔽率不小于 40dB（Ⅱ型 60dB）、电阻不大于 1Ω、熔断电流不小于 5A、炭化面积不大于 $300cm^2$。

（7）衣料必须耐磨损，使衣服具有一定的耐用价值，经过 500 次摩擦试验后，衣料电阻不大于 1Ω，衣料屏蔽率不小于 40dB（Ⅱ型 60dB）。

（8）断裂强力和断裂伸长率：对导电纤维类衣料，衣料的经向断裂强度不小于 343N，

纬向断裂强度不小于 294N，经、纬向断裂伸长率不小于 10％；对导电涂层类衣料，衣料的经向断裂强度不小于 245N，纬向断裂强度不小于 245N，经、纬向断裂伸长率不小于 10％。

2. 电气性能：

电 气 性 能 要 求

序号	电 气 性 能 要 求
1	上衣、裤子、手套、袜子电阻均不大于 15Ω，鞋子电阻不得大于 500Ω，整套屏蔽服各最远端电阻均不大于 20Ω
2	必须确保帽子和上衣之间电气连接良好
3	面罩采用导电材料和阻燃纤维编织，视觉应良好，屏蔽率不小于 20dB
4	屏蔽服内体表场强不大于 15kV/m；屏蔽服内流经人体电流不大于 50μA

参考图片及参数

企业名称	型号规格	电压等级/kV	断裂强度/N	断裂伸长率	燃烧面积	屏蔽率/dB	电阻/mΩ	型式实验报告
双安科技（天津）有限公司	—	500	经向：541 纬向：783	经向：23％ 纬向：19％	—	86	300	有
丹东辽科工业丝绸防护织品有限公司	Ⅰ型	500～66	500	17％	—	65	166	有
	Ⅱ型	750～1000	700	14％	—	78	216	有

企业名称	型号规格	电压等级/kV	断裂强度/N	断裂伸长率	燃烧面积	屏蔽率/dB	电阻/mΩ	型式实验报告
上海诚格安全防护用品有限公司	BP－PBF－500kV	500	经向：650 纬向：620	—	—	70	288	有
江苏恒安电力工具有限公司	HA－BPF	110～1000	经向：≥343 纬向：≥294	—	试样的炭长不大于100mm，燃烧面积不大于300cm²，烧坏面积不得扩散到试样的边缘	≥40	≤800	无
西安鑫烁电力科技有限公司	XS－PBF－110	110	经向：≥343 纬向：≥394	经向：≥10% 纬向：≥10%	试样的炭长不大于100mm；燃烧面积不大于300mm²；烧坏面积不得扩散到试样的边缘	≥40	≤800	无
	XS－PBF－220	220	经向：≥343 纬向：≥394	经向：≥10% 纬向：≥10%	试样的炭长不大于100mm；燃烧面积不大于300mm²；烧坏面积不得扩散到试样的边缘	≥40	≤800	无
	XS－PBF－330	330	经向：≥343 纬向：≥394	经向：≥10% 纬向：≥10%	试样的炭长不大于100mm；燃烧面积不大于300mm²；烧坏面积不得扩散到试样的边缘	≥40	≤800	无
	XS－PBF－500	500	经向：≥343 纬向：≥394	经向：≥10% 纬向：≥10%	试样的炭长不大于100mm；燃烧面积不大于300mm²；烧坏面积不得扩散到试样的边缘	≥40	≤800	无
	XS－PBF－600	600	经向：≥343 纬向：≥394	经向：≥10% 纬向：≥10%	试样的炭长不大于100mm；燃烧面积不大于300mm²；烧坏面积不得扩散到试样的边缘	≥40	≤800	无

2　屏蔽帽

适用电压等级　　750～1000kV

用途

用于输变电带电作业工作中等电位作业人员面部穿戴的防护用具。

执行标准

GB/T 6568　带电作业用屏蔽服装

GB/T 18037 带电作业工具基本技术要求与设计导则

GB/T 25726 1000kV 交流带电作业用屏蔽服装

DL/T 877 带电作业工具、装置和设备使用的一般要求

DL/T 976 带电作业工具、装置和设备预防性试验规程

相关标准技术性能要求

1. 衣料要求：

（1）屏蔽效率：制作屏蔽服的衣料屏蔽率不得小于 40dB（Ⅱ型 60dB）。

（2）电阻：制作屏蔽服的衣料电阻不得大于 800mΩ。

（3）熔断电流：制作屏蔽服的衣料熔断电流不得小于 5A。

（4）耐电火花：衣料具有一定耐电火花能力，在充电电容产生高频火花放电时而不烧损，仅炭化而无明火蔓延，经过耐电火花 2min 后，衣料炭化面积不得大于 300mm²。

（5）耐燃：衣料与明火接触时必须能阻止或蔓延。试样的炭长不得大于 300mm，燃烧面积不能大于 100cm²，且烧坏面积不得扩散到试样的边缘。

（6）耐洗涤：要确保在多次洗涤后衣料的电气和耐燃性能无明显降低，经 10 次"水洗－烘干"过程，其性能应满足：屏蔽率不得小于 40dB（Ⅱ型 60dB）、电阻不得大于 1Ω、熔断电流不得小于 5A、炭化面积不得大于 300cm²。

（7）衣料必须耐磨损，使衣服具有一定的耐用价值，经过 500 次摩擦试验后，衣料电阻不得大于 1Ω，衣料屏蔽率不得小于 40dB（Ⅱ型 60dB）。

（8）断裂强力和断裂伸长率：对导电纤维类衣料，衣料的经向断裂强度不得小于 343N，纬向断裂强度不得小于 294N，经、纬向断裂伸长率不得小于 10％；对导电涂层类衣料，衣料的经向断裂强度不小于 245N，纬向断裂强度不得小于 245N，经、纬向断裂伸长率不小于 10％。

2. 电气性能：

电 气 性 能 要 求

序号	电 气 性 能 要 求
1	必须确保帽子和上衣之间电气连接良好
2	帽子必须通过屏蔽率试验，帽子的屏蔽试验与整套屏蔽服的屏蔽性能试验一起进行
3	Ⅰ型屏蔽服，帽子的保护盖舌和外伸边沿必须确保人体外露部位（如面部）无不舒服感，并确保在最高使用电压下，人体外露部位的表面场强不大于 240kV/m
4	帽内头顶部位体表场强不大于 15kV/m

参考图片及参数

企业名称	型号规格	电压等级/kV	断裂强度/N	断裂伸长率	燃烧面积	屏蔽率/dB	电阻/mΩ	型式实验报告
双安科技（天津）有限公司	500kV	500	经向：541 纬向：783	经向：23% 纬向：19%	40cm²	86	300	有
丹东辽科工业丝绸防护织品有限公司	Ⅰ型	500～66	500	17%	52cm²	65	166	有
	Ⅱ型	750～1000	700	14%	49cm²	78	216	有
江苏恒安电力工具有限公司	HA-PBM	110～1000	经向：≥343 纬向：≥294	试样的炭长不大于100mm，燃烧面积不大于300cm²，烧坏面积不得扩散到试样的边缘	≥40	≥40	≤800	无
西安鑫烁电力科技有限公司	XS-PBM	110～1000	经向：≥343 纬向：≥394	经向：≥10% 纬向：≥10%	试样的炭长不大于100mm；燃烧面积不大于300mm²；烧坏面积不得扩散到试样的边缘	≥40	≤800	无

3　屏蔽手套

适用电压等级　750～1000kV

用途

用于输变电带电作业工作中等电位作业人员手部穿戴的防护用具。

执行标准

GB/T 6568　带电作业用屏蔽服装

GB/T 18037　带电作业工具基本技术要求与设计导则

GB/T 25726　1000kV交流带电作业用屏蔽服装

DL/T 877　带电作业工具、装置和设备使用的一般要求

DL/T 976　带电作业工具、装置和设备预防性试验规程

相关标准技术性能要求

1. 衣料要求：

（1）屏蔽效率：制作屏蔽服的衣料屏蔽率不得小于40dB（Ⅱ型60dB）。

（2）电阻：制作屏蔽服的衣料电阻不得大于800mΩ。

（3）熔断电流：制作屏蔽服的衣料熔断电流不得小于5A。

（4）耐电火花：衣料具有一定耐电火花能力，在充电电容产生的高频火花放电时而不烧损，仅炭化而无明火蔓延，经过耐电火花2min后，衣料炭化面积不得大于$300mm^2$。

（5）耐燃：衣料与明火接触时必须能阻止或蔓延。式样的炭长不得大于300mm，燃烧面积不能大于$100cm^2$，且烧坏面积不得扩散到试样的边缘。

（6）耐洗涤：要确保在多次洗涤后衣料的电气和耐燃性能无明显降低，经10次"水洗—烘干"过程，其性能应满足：屏蔽率不得小于40dB（Ⅱ型60dB）、电阻不得大于1Ω、熔断电流不得小于5A、碳化面积不得大于$300cm^2$。

（7）衣料必须耐磨损，使衣服具有一定的耐用价值，经过500次摩擦试验后，衣料电阻不得大于1Ω，衣料屏蔽率不得小于40dB（Ⅱ型60dB）。

（8）断裂强力和断裂伸长率：对导电纤维类衣料，衣料的经向断裂强度不得小于343N，纬向断裂强度不得小于294N，经、纬向断裂伸长率不得小于10%；对导电涂层类衣料，衣料的经向断裂强度不得小于245N，纬向断裂强度不得小于245N，经、纬向断裂伸长率不得小于10%。

2. 电气性能：

电 气 性 能 要 求

序号	电 气 性 能 要 求
1	视觉应良好，屏蔽服面罩屏蔽效率不小于20dB
2	与整套屏蔽服的屏蔽效率都不小于30dB

参考图片及参数

企业名称	型号规格	电压等级/kV	断裂强度/N	断裂伸长率	燃烧面积	屏蔽率/dB	电阻/Ω	型式实验报告
双安科技（天津）有限公司	—	500	经向：541 纬向：783	—	$40cm^2$	86	0.3	有
丹东辽科工业丝绸防护织品有限公司	Ⅰ型	500~66	—	—	—		9	有

企业名称	型号规格	电压等级/kV	断裂强度/N	断裂伸长率	燃烧面积	屏蔽率/dB	电阻/Ω	型式实验报告
丹东辽科工业丝绸防护织品有限公司	Ⅱ型	750 1000	—	—	—		8	有
上海诚格安全防护用品有限公司	BP-SB-DDSTF	500	—	—	—	—	3.9～6.4	有
江苏恒安电力工具有限公司	HA-PBST	110～1000	经向：≥343 纬向：≥294	—	试样的炭长不大于100mm，燃烧面积不大于300cm²，烧坏面积不得扩散到试样的边缘	≥40	≤800	无
西安鑫烁电力科技有限公司	XS-PBST	110～500	经向：≥343 纬向：≥394	经向：≥10% 纬向：≥10%	试样的炭长不大于100mm；燃烧面积不大于300mm²；烧坏面积不得扩散到试样的边缘	≥40	≤15	无

4 遮蔽面罩

适用电压等级 750～1000kV

用途

用于输变电带电作业工作中等电位作业人员面部佩戴的防护用具。

执行标准

GB/T 6568 带电作业用屏蔽服装

GB/T 18037 带电作业工具基本技术要求与设计导则

GB/T 25726 1000kV 交流带电作业用屏蔽服装

DL/T 877 带电作业工具、装置和设备使用的一般要求

DL/T 976 带电作业工具、装置和设备预防性试验规程

相关标准技术性能要求

机械性能：

（1）耐磨损：屏蔽面罩采用金属屏蔽网、导电材料和阻燃纤维编织制作，必须耐磨损，使遮蔽面具有一定的耐用价值。

（2）耐燃：遮蔽面具与明火接触时必须能阻止或蔓延。

（3）耐洗涤：要确保在多次洗涤后遮蔽面具的电气性能和耐燃性能无明显降低。

参考图片及参数

企业名称	型号规格	电压等级/kV	主要材质	屏蔽率/dB	型式实验报告
丹东辽科工业丝绸防护织品有限公司	Ⅱ型	750～1000	不锈钢网	34	有
江苏恒安电力工具有限公司	HA－PBMZ	110～1000	金属屏蔽网、布	≥20	无
西安鑫烁电力科技有限公司	XS－PBMZ	±500	采用金属屏蔽网制作	≥20	无

5 导电袜

适用电压等级

750～1000kV

用途

用于输变电带电作业工作中等电位作业人员脚部内侧穿戴的防护用具。

执行标准

GB/T 6568　带电作业用屏蔽服装

GB/T 18037　带电作业工具基本技术要求与设计导则

GB/T 25726　1000kV交流带电作业用屏蔽服装

DL/T 877　带电作业工具、装置和设备使用的一般要求

DL/T 976　带电作业工具、装置和设备预防性试验规程

相关标准技术性能要求

1. 衣料要求：

（1）屏蔽效率：制作屏蔽服的衣料屏蔽率不得小于40dB（Ⅱ型60dB）。

（2）电阻：制作屏蔽服的衣料电阻不得大于800mΩ。

（3）熔断电流：制作屏蔽服的衣料熔断电流不得小于5A。

（4）耐电火花：衣料具有一定耐电火花能力，在充电电容产生的高频火花放电时而不

烧损，仅炭化而无明火蔓延，经过耐电火花2min后，衣料炭化面积不大于300mm²。

（5）耐燃：衣料与明火接触时必须能阻止或蔓延。试样的炭化长度不大于300mm，燃烧面积不能大于100cm²，且烧坏面积不得扩散到试样的边缘。

（6）耐洗涤：要确保在多次洗涤后衣料的电气性能和耐燃性能无明显降低，经10次"水洗－烘干"过程，其性能应满足屏蔽率不小于40dB（Ⅱ型60dB）、电阻不大于1Ω、熔断电流不小于5A、炭化面积不大于300cm²。

（7）衣料必须耐磨损，使衣服具有一定的耐用价值，经过500次摩擦试验后，衣料电阻不大于1Ω，衣料屏蔽率不小于40dB（Ⅱ型60dB）。

（8）断裂强力和断裂伸长率：对导电纤维类衣料，衣料的经向断裂强度不小于343N，纬向断裂强度不小于294N，经、纬向断裂伸长率不小于10％；对导电涂层类衣料，衣料的经向断裂强度不小于245N，纬向断裂强度不小于245N，经、纬向断裂伸长率不小于10％。

2. 电气性能：

电 气 性 能 要 求

序号	电 气 性 能 要 求
1	袜子电阻均不大于15Ω
2	在袜子适当部位应放分流连接线，分流连接线的截面积应不小于1mm²
3	袜子应通过连接头与屏蔽服实现可靠的电气连接

参考图片及参数

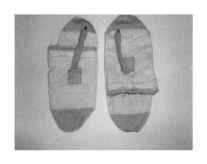 

企业名称	型号规格	电压等级/kV	电阻/Ω	型式实验报告
丹东辽科工业丝绸防护织品有限公司	Ⅰ型	500～66	10	有
	Ⅱ型	750～1000	9	有
上海诚格安全防护用品有限公司	BP－ZB－DDW	500	4.7～6.1	有
江苏恒安电力工具有限公司	HA－DDW	110～1000	≤15	无
西安鑫烁电力科技有限公司	XS－DDW	110～500	≤15	无

6　导电鞋

适用电压等级　750～1000kV

用途

用于输变电带电作业中，杆塔上作业人员脚部外侧穿戴的防护用具。

执行标准

GB/T 6568　带电作业用屏蔽服装

GB/T 18037　带电作业工具基本技术要求与设计导则

GB/T 25726　1000kV 交流带电作业用屏蔽服装

DL/T 877　带电作业工具、装置和设备使用的一般要求

DL/T 976　带电作业工具、装置和设备预防性试验规程

相关标准技术性能要求

1. 机械性能：鞋底部分为导电橡胶，里料为导电布，鞋面为帆布、皮革，要满足外底磨耗量、围条与鞋帮黏附强度、外底耐折、外底耐磨、成鞋剥离强度等要求。

2. 整体性能：穿导电鞋时不应同时穿绝缘的毛料厚袜或用加垫绝缘的鞋垫。使用导电鞋的场所应是接地体或等电位带电体（比如：杆塔、带电导线、进出电场时的带电体）。穿用工作中，一般不超过 200h 应进行电阻测试 1 次。应存放在干燥通风处，避免与油、酸、碱或其他腐蚀性物品接触。

3. 电气性能：

电 气 性 能 要 求

序号	电 气 性 能 要 求
1	导电鞋电阻不大于 500Ω
2	在导电鞋适当部位应放分流连接线，分流连接线的截面积应不小 $1mm^2$
3	导电鞋应通过连接头与屏蔽服实现可靠的电气连接

参考图片及参数

企业名称	型号规格	电压等级/kV	鞋底材质	里料	电阻/Ω	型式实验报告
丹东辽科工业丝绸防护织品有限公司	—	66～1000	导电橡胶	屏蔽布	200	有
江苏恒安电力工具有限公司	HA－DDX－1	±500	导电橡胶	导电布	≤500	无
天津市华电电力器材股份有限公司	HD－LYDD	110～750	导电橡胶	导电布	≤500	无
西安鑫烁电力科技有限公司	XS－DDX	±500	导电橡胶	导电布	≤500	无
	XS－DDX	±600	导电橡胶	导电布	≤500	无
	XS－DDX	750	导电橡胶	导电布	≤500	无
	XS－DDX	±800	导电橡胶	导电布	≤500	无
	XS－DDX	1000	导电橡胶	导电布	≤500	无

7　静电感应防护服

适用电压等级　110～1000kV

用途

用于输变电带电作业工作中地电位人员穿戴的防护用具，或保护输电线路和变电站巡视人员免受高压电场的影响。

执行标准

GB/T 18037　带电作业工具基本技术要求与设计导则

GB/T 18136　交流高压静电防护服装及试验方法

DL/T 877　带电作业工具、装置和设备使用的一般要求

DL/T 976　带电作业工具、装置和设备预防性试验规程

相关标准技术性能要求

1. 110～500kV 电压等级的静电服：

（1）机械性能：①耐磨损（经 500 次摩擦）屏蔽率不小于 28dB，衣料电阻不大于 300Ω；②断裂强度：经向不小于 345N、纬向不小于 300N，断裂伸长率不小于 10%。

（2）耐洗涤（衣料经受 10 次"水洗－烘干"过程）：①屏蔽率不小于 28dB（66～500kV）；②透气率不小于 35L/(m²·s)。

2. 500～1000kV 电压等级的静电服：

机械性能：①耐磨损（经 500 次摩擦）屏蔽效率不小于 30dB，衣料电阻不大于 300Ω；②断裂强度：经向不小于 345N、纬向不小于 300N，经、纬向断裂伸长率不得小于 10%。

3. 电气性能：

电气性能要求

序号	电气性能要求
1	110～500kV 电压等级的静电服：①衣料技术要求：屏蔽率不小于 28dB，电阻不大于 300Ω；②成品要求：服内体表场强不大于 15kV/m，鞋电阻不大于 500Ω，手套、袜子电阻不大于 15Ω
2	500～1000kV 电压等级的静电服：①衣料技术要求：屏蔽率不小于 30dB，电阻不大于 300Ω；②成品要求：服内体表场强不大于 15kV/m；鞋电阻不大于 500Ω；手套、袜子电阻不大于 15Ω

参考图片及参数

企业名称	电压等级/kV	断裂强度/N	断裂伸长率	屏蔽率/dB	电阻/Ω	耐磨性	型式实验报告
丹东辽科工业丝绸防护织品有限公司	500～66	450	11%	65	150	—	有
	750～1000	616	11%	73	100	—	有
上海诚格	500	经向：650 纬向：400	经向：12% 纬向：10%	65	3		有
江苏恒安电力工具有限公司	110～1000	经向：≥345 纬向：≥300	≥10%	≥28	≤300	（经 500 次摩擦）屏蔽率不小于 28dB，衣料电阻不大于 300Ω	无
西安鑫烁电力科技有限公司	XS-JGF	经向：≥345 纬向：≥300	≥10%	≥28	≤300	—	无

8　电位转移棒

适用电压等级　750～1000kV

用途

用于输变电带电作业工作中等电位人员进行电位转移进入等电位。

执行标准

GB 13398　带电作业用空心绝缘管、泡沫填充绝缘管和实心绝缘棒

DL 408　电业安全工作规程

DL/T 879　带电作业用便携式接地和接地短路装置

DL/T 1060　750kV 交流输电线路带电作业技术导则

相关标准技术性能要求

1. **基本要求**：在特高压交、直流架空输电线路上进行带电作业应使用电位转移棒进行电位转移，电位转移棒长度为 0.4m。电位转移棒的绝缘手柄应使用符合 GB 13398 要求的空心绝缘管制成，直径宜大于 30mm，连接线应由有透明护套的多股软铜线组成，其截面不得小于 $16mm^2$。

2. **机械性能**：静负荷试验 500N，持续 1min，无变形、无损伤。

3. **工艺要求**：通过电位转移棒的软铜线和人体防护用具内侧引出的铜带接续，实现电位转移棒与屏蔽服绝对可靠连接，电位转移棒连接软铜线截面满足屏蔽短接要求。

4. **电气性能**：

电 气 性 能 要 求

序号	电 气 性 能 要 求
1	此成套电位转移工具与屏蔽服连接时最远端之间的电阻不大于 20Ω

参考图片及参数

企业名称	型号规格	静负荷试验 /(N·min⁻¹)	电阻 /Ω	型式实验报告
泰州市和能电气设备有限公司	HNDZ-1250U（通用型）	≤20	500	无
江苏恒安电力工具有限公司	HA-DWZY-1	≤20	500	无

检 测 工 具

1　负荷电流检测仪

适用电压等级　110～1000kV

用途

用于测量交、直流漏电电流和负荷电流。

执行标准

GB/T 17215.211　交流电测量设备 通用要求、试验和试验条件　第 11 部分：测量设备

GB/T 26216.1　高压直流输电系统直流电流测量装置　第 1 部分：电子式直流电流测量装置

相关标准技术性能要求

电气性能：

电 气 性 能 要 求

序号	电 气 性 能 要 求
1	测试范围：0～30mA/300mA/30A/300A/1000A（50Hz/60Hz）
2	采样速度：约 2 次/s（数值），约 12 次/s（棒形图）
3	工作环境温度：0～40℃，80%RH 以下

参考图片及参数

2　核相仪

适用电压等级　　110～500kV

用途

用于两路电源并列前的相位核对。

执行标准

DL/T 877　带电作业工具、装置和设备使用的一般要求

DL/T 971　带电作业用交流 1～35kV 便携式核相仪

DL/T 976　带电作业工具、装置和设备预防性试验规程

相关标准技术性能要求

1. 核相仪在标准频率±0.2%的范围内，应能正常工作。

2. 综合性能：①准确度：同相误差不大于 10°，不同相误差不大于 15°；②采样速率：3 次/s；③传输距离：不大于 30m；④工作环境：温度−25～55℃，湿度不大于 96%RH；储存环境：温度−40～55℃，湿度不大于 96%RH；⑤具备自校准功能，显示器带有背光源，15min 无动作自动关机。

3. 电气性能：

电 气 性 能 要 求

序号	电 气 性 能 要 求
1	交流耐压及泄漏电流试验，加压时间保持 1min，最大泄漏电流不大于 500μA，无闪络、无击穿、无明显发热

参考图片及参数

3 绝缘电阻检测仪

通用

用途

用于测量各种绝缘工具及绝缘材料的绝缘电阻。

执行标准

DL/T 474.1 现场绝缘试验实施导则 绝缘电阻、吸收比和极化指数试验

DL/T 845.1 电阻测量装置通用技术条件 第1部分：电子式绝缘电阻表

相关标准技术性能要求

电气性能：

电 气 性 能 要 求

序号	电 气 性 能 要 求
1	测试电压：DC250/500V/1000V/2000V/2500V/5000V/10000V
2	端电压及其稳定性：检测仪的开路电压与额定电压之差不大于额定电压的±10%。检测仪的测量线路端子与接地端子间连接阻值为测量范围上限值的5%的电阻时，其输出工作电压与额定电压之差不大于额定电压的±10%。在1min内，检测仪开路电压的最大值和最小值的差不大于额定电压的±5%
3	测量范围：1～19999MΩ，浮定±5%；0～1000GΩ，浮动±10%
4	功率：静态功耗不大于160mVA
5	泄漏电流监测范围：1～1000μA
6	其他：设计符合低电能消耗标准，外壳采用橡胶塑膜设计。可自动切换高、低量程的双重刻度显示面板。彩色刻度便于读数，LED灯可显示相应测量范围的刻度颜色。采用防水设计。硬质便携箱可放置标配附件

参考图片及参数

4 直流电阻检测仪

适用电压等级 110～1000kV

用途

用于测试变压器、电机、互感器等感性设备的直流电阻。

执行标准

DL/T 596 电气设备预防性试验规程

DL/T 845.3 直流电阻测试仪通用技术条件 第3部分：直流电阻测试仪

DL/T 967 回路电阻测试仪 直流电阻快速测试仪检定规程

相关标准技术性能要求

电气性能：

电 气 性 能 要 求

序号	电气性能要求
1	工作电源：220×（1±10%）V，50×（1±2%）Hz
2	使用环境：－10～40℃。相对湿度：不大于80%
3	测量范围：0.1～500Ω。测量精度：±（0.1%×读数＋0.1%×量程）
4	安全性：电源输入端对机壳的绝缘电阻应不小于2MΩ
5	消弧功能：检测仪应具有消弧功能

参考图片及参数

5 接地电阻检测仪

适用电压等级 110～1000kV

用途

用于输变电杆塔及设备的接地电阻值测量。

执行标准

GB/T 7676 直接作用模拟指示电测量仪表及附件

DL/T 845.2　电阻测量装置通用技术条件　第 2 部分：工频接地电阻测试仪

相关标准技术性能要求

电气性能：

电 气 性 能 要 求

序号	电 气 性 能 要 求
1	环境温度：0～45℃，相对湿度不大于 85%
2	测量范围及恒流值（有效值）：电阻 0～2Ω（10mA），2～20Ω（10mA），20～200Ω（1mA），电压 AC 0～19.99V

参考图片及参数

6　零值绝缘子检测仪

适用电压等级　110～1000kV

用途

用于对运行绝缘子零值缺陷进行地面在线测量。

执行标准

GB 13398　带电作业用空心绝缘管、泡沫填充绝缘管和实心绝缘棒
DL/T 626　劣化悬式绝缘子检测规程
DL/T 976　带电作业工具、装置和设备预防性试验规程

相关标准技术性能要求

电气性能：

电 气 性 能 要 求

序号	电 气 性 能 要 求
1	测量电压范围 35～1000kV，测量误差不大于±1%，分辨率 0.01kV，采样速率 10 次/s，手持机工作电流不大于 120mA，探测器工作电流不大于 40mA
2	工作温度－35～60℃，储存温度－40～65℃，相对湿度不大于 90%，不结露
3	测量范围：（1）电流：0～1999μA，精度 2 级。（2）辅助测量：①温度 0～60℃，精度 1 级；②相对湿度小于 95%，精度 1 级。（3）使用条件：①户外、在线测量；②环境温度 0～60℃

7 涂层测厚仪

适用电压等级   110～1000kV

用途

用于测量输变电设备涂层厚度。

执行标准

GB/T 3091   低压流体输送用焊接钢管

GB/T 4956   磁性金属基体上非磁性覆盖层厚度测量 磁性方法

GB 11344   带刃倾角机用铰刀

GB/T 13912   热镀锌标准

ISO/T S18173   无损检测、通用术语和定义

相关标准技术性能要求

电气性能：

电 气 性 能 要 求

序号	电 气 性 能 要 求
1	适用范围：磁性金属基体上非磁性镀层、涂层的厚度和重量（质量）；测量范围：0～1500μm；测试工件最小曲率半径：凸1.5mm；测试工件最小面积直径：7mm；测试工件基体临界厚度：0.5mm
2	显示精度：0.1g/m²，0.1μm（0～99.9μm），1μm（100～1500μm）；密度范围：0.01～99.99g/cm³；测量周期：3次/s；校准方式：零点校准、一点校准、两点校准、基本校准
3	测量模式：高精度单次测量模式、扫描测量模式、重量模式、差值模式、平均值模式、报警模式
4	环境温度：使用温度-10～50℃，存放温度-30～60℃

8　泄漏电流检测仪

适用电压等级　110～1000kV

用途

用于输电线路及设备泄漏电流的测量。

执行标准

IEC 1010　测量控制和试验室用电气设备的安全要求

JJG 843　泄漏电流测试仪

相关标准技术性能要求

电气性能：

电 气 性 能 要 求

序号	电 气 性 能 要 求
1	输出电压：AC100～250V，连续可调；泄漏电流：0～20mA；测量精度：0.2～1.999mA、2～20mA；输出波形：50Hz正弦波形；时间控制：1～99s，手控至∞
2	显示方式：全数显；测试判别：合格/不合格，不合格声光报警；测试方式：动态测试
3	环境要求：相对湿度≤75%RH，环境温度0～40℃；变压器功率：3000VA/5000VA；输入电阻：1750Ω（模拟人体阻抗）；电源：AC220V±10%，50Hz±5%

参考图片及参数

9 风速检测仪

适用电压等级 110～1000kV

用途

用于输变电工作环境中风速、温度的测量。

执行标准

GB/T 30494　船舶和海上技术 船用风向风速仪

JB/T 6862　温湿度计

JJG 205　机械式温湿度计检定规程

相关标准技术性能要求

电气性能：

电 气 性 能 要 求

序号	电 气 性 能 要 求
1	测定对象：常温、常压下的空气流；测定范围：风速 0.01～20.0m/s，风温－20～70℃；测定精度：风速：（读数的 5%）m/s，风温：±1℃
2	显示分辨率：风速 0.1～9.99m/s 时为 0.01m/s（最小）；风速 10.0～20.0m/s 时为 0.1m/s；温度为 0.1℃
3	应答性：风速：1s 以下（风速在 1m/s 时 90% 应答）；风温：30s 以下（风速在 1m/s 时 90% 应答）；探头温度适用范围：0～50℃；本体温度适用范围：5～40℃；保存温度范围：－10～50℃

参考图片及参数

10 温湿度检测仪

适用电压等级 110～1000kV

用途

用于工作环境中相对湿度、湿球温度、温度等大气参数的测量。

执行标准

GB/T 30494　船舶和海上技术 船用风向风速仪

JB/T 6862　温湿度计

JJG 205　机械式温湿度计检定规程

相关标准技术性能要求

性 能 要 求

序号	性 能 要 求
1	环境要求：①使用环境：液晶屏和电池的操作温度范围是 14～131 ℉／－10～55℃；②保存温度：－22～140 ℉／－30～60℃；③ 防水标准：IP67；④ 相对湿度不大于 95%RH
2	其他要求：①数据传输：选购 RS232 或 USB 数据传输软件包；②屏幕背景灯光：显示屏具有背景灯功能
3	测量精度：测量稳定误差不超过±2℃，相对湿度误差不超过±2%RH
4	响应时间：达到要求测量精度的响应时间不超过 3min